GEOGRAFIA URBANA CRÍTICA
Teoria e método

Ana Fani Alessandri Carlos
César Simoni Santos
Isabel Pinto Alvarez
(organizadores)

GEOGRAFIA URBANA CRÍTICA
Teoria e método

Coleção Metageografia

editoracontexto

Programa de Pós-graduação
em Geografia Humana,
Departamento de Geografia
FFLCH/USP

CAPES

Capa e diagramação
Gustavo S. Vilas Boas

Preparação de textos
Ana Paula G. do Nascimento

Revisão
Lilian Aquino

Dados Internacionais de Catalogação na Publicação (CIP)

Geografia urbana crítica : teoria e método /
organizado por Ana Fani Alessandri Carlos, César Simoni
Santos e Isabel Pinto Alvarez. – São Paulo : Contexto, 2018.
160 p. (Metageografia)

Bibliografia
ISBN 978-85-520-0064-8

1. Geografia urbana 2. Geografia 3. Sociologia urbana
I. Carlos, Ana Fani Alessandri II. Santos, César Simoni
III. Alvarez, Isabel Pinto

18-0729 CDD 910

Andreia de Almeida CRB-8/7889

Índice para catálogo sistemático:
1. Geografia urbana

2018

EDITORA CONTEXTO
Diretor editorial: *Jaime Pinsky*

Rua Dr. José Elias, 520 – Alto da Lapa
05083-030 – São Paulo – SP
PABX: (11) 3832 5838
contexto@editoracontexto.com.br
www.editoracontexto.com.br

SUMÁRIO

INTRODUÇÃO

O livro que o leitor tem em mãos traz uma longa história de reflexão e pesquisa que se mistura à história do Grupo de Geografia Urbana Crítica Radical (Gesp) e que se vincula a uma tradição do pensamento crítico na geografia urbana brasileira, estabelecida, sobretudo, na Faculdade de Filosofia e Ciências Humanas da Universidade de São Paulo (FFLCH-USP). Essa trajetória se realiza a partir da crítica à Geografia, como momento que busca a superação de sua condição de disciplina especializada no conjunto das humanidades para considerá-la um nível de análise necessário à compreensão do mundo.

Esse caminho, que estamos chamando de *metageografia*, é a construção dialética de um horizonte de pesquisa em Geografia (portanto, não necessariamente urbana) que se delineia, fundamentalmente, a partir de dois elementos: a) a centralidade da categoria de *produção social do espaço*, cuja exigência teórica de se pensar a *práxis* social como socioespacial a partir da noção de produção/reprodução permite articular teoria e prática; e b) a tarefa da produção do conhecimento orientada pela categoria de *totalidade,* que traz a possibilidade de superar a elaboração do saber no âmbito de uma ciência parcelar, no caso, a Geografia. Com base nisso, a Geografia crítica radical do Gesp se desdobra através das obras de Karl Marx e de Henri Lefebvre, produzindo o que Maurício de Abreu chamou de uma Geografia "marxista-lefebvriana".

Na origem do Gesp podemos situar o período de formação de Ana Fani Alessandri Carlos, que, na condição de estudante de pós-graduação, participou do grupo coordenado por José de Souza Martins no Departamento de Sociologia na FFLCH-USP. O chamado grupo do Martins durou de 1975 a 1992, período no qual foram realizadas leituras e discussões em torno das obras de Marx e de Lefebvre. Dessa rica "aventura intelectual" faltava, porém, o mergulho nas obras de Lefebvre voltadas ao espaço, à cidade e ao urbano, o que foi cumprido no âmbito do Laboratório de Geografia Urbana (Labur): intento realizado e compartilhado entre Carlos e seus orientandos, bem como por outros grupos, também saídos da experiência com Martins, reunidos no mesmo laboratório.

A instalação do curso de Geografia da USP no âmbito da FFLCH permitiu que o diálogo interdisciplinar se fizesse presente na formação de grupos como o Gesp, orientando a ação e o pensamento em direção à noção de totalidade, como teoria e prática no seio das humanidades. Essa experiência abriu caminho para a construção de "uma geografia urbana crítica e radical" no contexto do Departamento de Geografia, desnudando novas frentes de investigação teórica e empírica. Tudo isso foi colocado em prática a partir de 1989 no Programa de Pós-Graduação em Geografia Humana, com a condução de pesquisas e cursos e com a orientação de dissertações de mestrado e teses de doutorado, mas também nas atividades da graduação e nas de orientação dos grupos de estudos.

O Gesp, herdeiro da tradição crítica e do debate de formação de orientação marxista-lefebvriana, é o grupo de investigação que se sedimenta e se formaliza em 2001, a partir do trabalho compartilhado entre a professora Ana Fani e seus orientandos. Dentre os organizadores e autores deste livro, pode-se identificar pelo menos três entre as possíveis quatro gerações do grupo que, ao longo desse período, vêm compondo o Gesp: a primeira geração aparece representada por Glória Alves e Isabel Pinto Alvarez; a segunda por César Simoni Santos; a terceira geração tem Rafael Faleiros de Padua, Danilo Volochko, Fabiana Valdoski Ribeiro e Camila Salles de Faria. Atualmente, o Gesp se amplia, congregando pesquisadores, como é o caso de Gustavo Prieto e de muitos outros que não aparecem neste livro, desdobrando-se, também, a partir de intercâmbios internacionais (dos quais um dos resultados está no volume III desta coleção).

Entretanto, pode-se constatar que o pensamento crítico é hoje residual na Geografia brasileira, fato que se estende às ciências humanas de maneira geral, sinalizando uma crise que se revela em certo desprezo pela teoria, bem como no pouco apreço à busca de fundamentos e determinações abstratas. Esse tipo de postura acaba por resultar na busca de modelos simplistas, que deixam escapar a complexidade do real. Em contraste com isso, este livro se insere no conjunto dos resíduos que atuam como o negativo do pensamento fácil e modelizado; é, portanto, avesso ao pragmatismo imposto pelo produtivismo que tem invadido o cenário da pesquisa e que rejeita a necessidade do tempo lento da reflexão.

De fato, o tempo lento da reflexão aposta na construção de um pensamento teórico sobre a realidade e sobre as possibilidades de sua superação. Assim, habitar o tempo, mergulhando naquilo que se esconde sob o manto da ideologia e do véu das formas fenomênicas para focar as contradições que fundamentam a desigualdade vivida na sociedade brasileira, tem sido o desafio do Gesp. O objetivo do trabalho do grupo é ler tais contradições através e a partir das transformações do espaço metropolitano e tal objetivo supera, desse modo, a ideia de que este volume possa vir a ser entendido como uma coletânea de textos.

Nesse sentido, este livro espelha a produção de um conhecimento a partir da geografia do urbano: trata-se de um dos resultados da construção coletiva de um caminho e de um método alcançados pela pesquisa e reflexão de um grupo que se propõe a pensar a realidade a partir do espaço socialmente produzido. A prática acadêmica fundamentada na perspectiva de uma geografia crítica e radical advém das necessidades reais e concretas colocadas pela crise do mundo moderno, mas também, conforme já mencionado, advém de uma crise teórica que traz como exigência a crítica ao pensamento que simplifica e modeliza a compreensão da realidade.

Portanto, este volume IV da Coleção Metageografia é expressão do movimento da pesquisa conjunta e partilhada que visa produzir um conhecimento que, na melhor tradição da produção acadêmica – a do debate coletivo –, constrói a via que supera o modelo e se opõe insistentemente às estéreis padronizações do pensamento e à repetição infindável de fórmulas preconcebidas. Esse caminho se sustenta na tentativa de prolongar, para o século XXI, a construção teórica de Marx e de Lefebvre, uma vez que cada momento histórico abre um campo ilimitado de possibilidades, trazendo como consequência a necessidade de uma reflexão que o elucide. Diante disso, pensar o mundo moderno com os autores, e a partir deles, é a tarefa que estamos construindo há mais de duas décadas.

Alguns desafios, nem sempre fáceis de serem resolvidos, afloram na pesquisa que realizamos. O primeiro deles é a necessidade de superar nossa condição de pensar o mundo encerrado nas contribuições de um único campo de conhecimento, no caso, o da Geografia. A metageografia é, assim, a possibilidade de pensar a Geografia a partir da noção de totalidade, rejeitando a extremada divisão do ato de conhecer a realidade em fragmentos. A totalidade como horizonte encontra na noção de produção social do espaço o ponto de união entre teoria social e prática. Este pensamento é orientado pela ideia de que a realidade vivida se coloca como construção social e histórica, na medida em que não existe uma sociedade a-espacial e que todas as relações que mantêm os homens vivos, produzindo história, realizam-se enquanto prática socioespacial. O segundo desafio é superar a dicotomia entre teoria e prática, uma vez que, no pensamento marxista, o conhecimento se compõe de conceitos, cujas relações apreendem o movimento dialético na realidade sem jamais esgotá-la. As contradições são reais, concretas, e, através do método, é possível apreendê-las em seu movimento, de tal modo que a prática se revela no plano fenomênico, mas só é compreendida na sua totalidade, isto é, através da teoria.

Assim sendo, este livro se debruça sobre o urbano, pois essa é a tendência da nossa sociedade sob o movimento do mundial, e a problemática urbana vai, aqui, revelando-se como espacial e também sob novas determinações. Algumas das colaborações deste volume têm como procedimento revisitar criticamente os conceitos da disciplina da Geografia. Outras procuram iluminar a dimensão conceitual do trabalho de uma crítica que se tece ao longo de anos, entre os debates e as inúmeras pesquisas. Há, ainda, aquelas que apontam soluções, além de superar o nível de compreensão até então estabelecido na dimensão conceitual, permitindo avançar na direção de um pensamento crítico e de um novo patamar de produção do conhecimento.

Carlos, no capítulo de abertura deste volume, constrói o caminho da crítica no âmbito da Geografia como movimento constitutivo da metageografia em sua perspectiva teórica, dando centralidade ao conceito de produção do espaço como momento da reprodução da sociedade. A autora constrói esse caminho através da tese segundo a qual a produção do humano requer a produção de um espaço onde se realiza, continuamente, a vida. Ela assinala que esse caminho se faz pelo movimento da dialética do mundo elaborando os conteúdos e conceitos definidores de uma Geografia crítica radical, no âmbito da teoria social, como necessidade de superar a crise do pensamento fragmentado pela perda da totalidade que permeia a análise geográfica sobre o mundo moderno (tendencialmente urbano).

Padua, a partir do conceito de *práxis*, na sequência, deriva a noção de prática socioespacial "como uma importante conquista do pensamento no sentido deste se colocar ativamente na realidade, como produto dela e como mediação para a sua transformação" a partir da Geografia. Em seu capítulo, o autor constrói a hipótese de que a prática socioespacial (*práxis*), ainda que totalizada/dominada pela reprodução social capitalista, não se fecha, não se reduz à mera reprodução, remetendo-nos à totalidade da reprodução da vida. Nesse movimento, o autor relaciona a prática socioespacial com a noção de reprodução das relações de produção. A potência da noção de prática socioespacial consiste em não se restringir aos sistemas parciais, remetendo-nos ao movimento da dialética da história, que envolve o momento da reprodução/repetição sem deixar de contemplar o ato de criação revelado nos usos do espaço. Com efeito, a noção de prática socioespacial para a Geografia remete ao modo como o espaço é produzido socialmente e, sobretudo, ao modo como ele é vivido: a dimensão da prática valoriza o vivido. Desse modo, a prática socioespacial visa apreender os conteúdos propriamente sociais da produção do espaço, reunindo nessa noção mais ampla as relações sociais produtoras e o espaço social produzido em seu movimento, em seu uso concreto.

Essa articulação, todavia, gera conflitos que ganham a forma de luta em torno do espaço em sua dimensão cotidiana, condição necessária para a realização da vida. No cotidiano estão localizadas as contradições que definem as formas de vida, o que equivale a afirmar que, na prática, ele se revela na contradição entre o espaço tornado valor de troca e o espaço como uso. Sob a forma de mercadoria, o espaço urbano ganha novos conteúdos na metrópole e essa possibilidade se desdobra da análise de Padua para ganhar centralidade no texto de Ribeiro. Esta autora assinala que as transformações deste século vêm acompanhadas de novas contradições (como vão aparecendo nos demais capítulos deste livro), assim como de perdas para a sociedade no que se refere às possibilidades de realização da vida através da apropriação do mundo sob a lógica neoliberal. Tal lógica vai produzindo contradições espaciais passíveis de serem lidas no plano do vivido e do cotidiano, gerando lutas em torno do espaço urbano e por ele, momento em que, segundo Ribeiro, as resistências a essa lógica tornam-se prática incontornável para uma significativa parcela da sociedade. Assim, a resistência emerge como uma dimensão necessária do ato de viver e se transforma em prática socioespacial, num processo que revela a crise contemporânea. Portanto, a resistência como prática socioespacial, como um meio de retomar e dar sentido à vida, aparece em oposição frontal à vida de privações.

A dimensão do conflito, por sua vez, é posta em destaque por Volochko. Articulando a ela as dimensões socioambientais e das representações espaciais, o autor, sem se contentar com a complexidade das respostas e do caminho trilhado a partir de sua própria perspectiva teórico-metodológica, evoca o posicionamento de algumas outras importantes vertentes que vêm compondo o quadro interpretativo da ciência geográfica. A partir daí, ele procura estabelecer uma linha para o debate entre diferentes correntes do pensamento geográfico, organizado a partir das três dimensões conceituais postas em destaque. Após delinear alguns elementos teórico-metodológicos da perspectiva marxista-lefebvriana em relação à Geografia e, assim, sedimentar um ponto de partida para a construção desse debate, o recurso à experiência concreta coloca ao autor o desafio de lidar com as dimensões dos conflitos socioespaciais, das relações socioambientais e das representações espaciais. Nesse mergulho, após retomar a linhagem do debate sobre a cidade como negócio e lançar luz sobre as relações entre o Estado e a economia num processo de produção do espaço urbano que visa ao lucro, Volochko recupera o sentido utópico contido na noção de Direito à Cidade, enfatizando a dimensão corpórea da *práxis* no processo de apropriação do espaço como momento crítico relacionado ao conjunto das despossessões. O autor ainda põe em foco, sempre de uma perspectiva crítica, o debate acerca das noções de meio e de natureza, apontando o papel das concepções naturalistas e biocêntricas que se articulam a orientações de perfil neomalthusiano. No âmbito das representações do espaço, numa trajetória que parte de considerações sobre o vivido, o autor problematiza o sentido das cartografias sociais.

Revisitar categorias fundadoras da Geografia é o caminho que se apresenta no capítulo de Simoni-Santos, que recupera a noção de representação de uma perspectiva crítica e que, dessa forma, dá continuidade ao debate já iniciado no capítulo de Volochko. Em seguida, o autor retoma com verticalidade a discussão sobre a dimensão conceitual da escala – a qual já havia sido apontada por Ribeiro – e efetua uma crítica à redução geométrico-cartográfica do conceito, a qual não se contenta com os aportes fenomenológicos e de perfil epistemologizante que tomaram a cena do debate conceitual sobre a problemática da escala na Geografia. A dimensão escalar é apresentada como uma dimensão pertinente à problemática da produção do espaço, uma dimensão, enfim, do próprio processo social concreto e da *práxis*. No que tange à relação entre teoria e prática, o debate sobre a escala envolve também a representação que se faz do real, entretanto não se esgota nela. O argumento forte do autor consiste na apresentação da ideia de que os processos sociometabólicos de produção do espaço envolvem concretamente processos de produção da escala, de redefinição das dimensões escalares e de reorganização das hierarquias entre escalas. Assim, a prática socioespacial dos movimentos sociais, dos agentes econômicos e dos atores políticos é considerada, na interação entre estes, o campo no qual o rearranjo escalar se opera como uma dimensão concreta da vida e dos processos sociais a partir de uma compreensão que supera a escala como momento exclusivo da representação.

Observando ainda os processos concretos de produção do espaço, as centralidades aparecem no capítulo de Alves como uma dessas dimensões materiais plenas de conteúdos sociais do espaço urbano. A *práxis*, o corpo e o vivido, assim como as instâncias política e econômica, não são estranhos às considerações de Alves sobre as centralidades urbanas. Essas dimensões teóricas e práticas aparecem compondo a dialética com a periferia e em seus conteúdos pertinentes aos processos de implosão-explosão, como aquilo que concentra e dispersa, estendendo-se e formando o tecido urbano desigual. Não só a autora não ignora as mudanças nos termos da "periferia", na sua dialética em relação ao centro, mas também aponta a criação de centralidades nas áreas periféricas como parte do processo de reprodução do capital, que tem por princípio a desigualdade socioespacial. Este fato pontua a importância da propriedade privada no processo de reprodução do espaço metropolitano.

A propriedade é o tema do próximo capítulo deste livro, de autoria de Faria, que discute teórica e praticamente a propriedade privada. Na medida em que é o fundamento da desigualdade, a propriedade privada é, de fato, um produto histórico que permeia e fundamenta as relações sociais e que merece destaque na compreensão das contradições do espaço. A historicidade deste processo é, no capítulo, examinada na situação dos índios guarani, o elemento empírico que permite o salto analítico radical a partir do momento em que o desenvolvimento capitalista se impõe para subverter a lógica deste povo frente à terra e ao seu modo de vida – que está diretamente relacionado a ela –, em pleno confronto com a terra tornada mercadoria. A observação atenta à reposição dos conteúdos da violência primeva revela um traço marcante da forma de ser das dinâmicas econômicas na periferia do capitalismo mundial.

Desse modo, o percurso deste livro vai elucidando possibilidades de compreensão da realidade a partir de uma análise cuidadosa e comprometida com a necessidade de construção de um projeto de mudança frente às privações vividas, que marcam o urbano como produto da extensão e desenvolvimento da lógica capitalista no processo de reprodução do espaço urbano. Sem a compreensão desta realidade, o projeto perde sua potência transformadora e acaba por reforçar o *status quo*. A contribuição que se espera com o conjunto do trabalho aqui reunido é a de somar esforços para a elucidação do urbano atual e, ao mesmo tempo, iluminar as possibilidades de sua transformação radical, uma transformação intransigente em relação à desigualdade, à pobreza e à exploração.

Com a preocupação em recuperar um longo e amplo debate a respeito da formação nacional no Pensamento Social e Político Brasileiro, Prieto, buscando os fundamentos deste movimento e certificando-se com o rigor do método de não se deixar ceder aos impulsos de uma abordagem puramente genética, dá continuidade ao debate sobre a propriedade iniciado por Faria. Ao recorrer aos fundamentos desse debate, o autor brinda-nos com uma releitura da história e do papel da propriedade da terra que são encontrados na dimensão territorial e rural da formação nacional, colocando desafios para a interpretação do processo de modernização brasileiro. Articulando as dimensões geopolíticas e geoeconômicas da formação nacional, Prieto nos esclarece que "o controle simultâneo da terra e do trabalho e a possibilidade de expansão espacial da nascente economia nacional garantiram a sacralização do princípio da manutenção da integridade do território nacional, o que se consolidou na garantia de proteção absoluta da propriedade privada". Desse modo, ao buscar os fundamentos da propriedade da terra no Brasil, o autor se depara com o fato de que dispositivos e estratégias de caráter fundamentalmente não capitalista tiveram de operar na base do funcionamento da moderna economia capitalista brasileira, sendo este o veículo e a forma fundamentais da inserção do território nacional no complexo regime de acumulação mundializado. Esses são os termos que encerram o desafio lançado neste livro para uma interpretação das relações entre o Brasil urbano contemporâneo e o mundo moderno. Se o domínio preciso dessa realidade passa por sua apropriação no âmbito do conceito, então o livro que ora se apresenta tem este propósito.

Ana Fani Alessandri Carlos
César Simoni Santos
Isabel Pinto Alvarez

GEOGRAFIA CRÍTICA-RADICAL E A TEORIA SOCIAL

Ana Fani Alessandri Carlos

O movimento da reprodução da realidade justifica a necessidade da produção renovada do conhecimento. O ato de conhecer, portanto, depara-se constantemente com o novo. A apreensão da realidade, orientada pelo movimento do mundo, traz a exigência da apreensão da totalidade – que consideramos aberta e contraditória. Esse movimento em direção ao futuro se edifica na construção da história como resultado do processo que transforma o homem em um ser genérico e a natureza em espaço social, o que requer não só o conhecimento da obra como objeto produzido pela ação humana, mas o conhecimento da própria ação dos sujeitos que a põem em movimento. Refiro-me à produção de um mundo que se realiza como objetividade material, uma vez que toda ação responde a uma necessidade e produz um objeto que sacie essa necessidade e, além dela, o desejo. Essa produção envolve e supõe, portanto, o homem e a natureza, a ação e o conhecimento. A categoria que se ilumina para entender esse processo é a da *práxis*, que aparece no horizonte desta reflexão[1] e pode ser qualificada como espaço-temporal, como a materialização dos processos sociais.

Entretanto, o homem também age a partir de uma representação social que o localiza no mundo, caracterizando uma sociedade, organizando as relações entre os homens, desenvolvendo a troca social, transformando-se e transformando a natureza das necessidades e desejos. Assim, a produção revela-se em suas especificidades históricas e se complexifica ao longo do processo histórico, contemplando a produção do mundo e do próprio homem. Nesse mesmo processo se localiza a produção do espaço, como condição, meio e produto das relações sociais, na medida em que todas as relações sociais realizam-se num espaço e num tempo definidos – o que significa dizer que não há sociedade fora do espaço. A noção de produção, pensada *lato sensu* como produção do homem e do mundo, permite pensar que o espaço da ação humana não se reduz à materialidade pura, a mero lugar de realização da ação, mas é produto de sua ação. Um produto histórico e social com os significados auferidos pela sociedade em cada momento da história de sua construção.

Nessa perspectiva, abre-se a possibilidade de pensar a ação produtora do mundo e da sociedade como problemática espacial, ou seja, a partir da produção do espaço imanente à produção do homem. Esse movimento do pensamento permite vislumbrar o papel da produção do espaço na reprodução da sociedade contemporânea, localizando o conhecimento geográfico no seio da teoria social. Desse modo, o processo de produção do espaço fundamentado nas relações da sociedade com a natureza (ou a partir dela) obriga o entendimento de vários planos da realidade – social, político, ideológico, jurídico, cultural etc. –, assim como a relação dialética entre objetividade e subjetividade. No plano do tempo, essa ação que produz o mundo e a civilização guardam determinações históricas. Por outro lado, dessa ação "decorre a produção de uma inteligibilidade sobre o mundo como processo e ato de conhecer. Uma ação que se liga ao conhecimento".[2]

Sintetizando o argumento, é possível constatar que as relações sociais se realizam como relações reais e práticas, isto é, como relações espaço-temporais, pois toda ação humana realiza-se num espaço e num tempo definidos. Essa ação é, ainda, produtora dos lugares. Nesse sentido, a produção do espaço é anterior ao capitalismo e se perde numa história de longa duração, iniciada no momento em que o homem deixou de ser coletor e caçador e criou condições de, através de seu trabalho e do estágio de conhecimento, transformar efetivamente a natureza (dominando-a) em algo que é próprio do humano. Portanto, o espaço como produção emerge da história, da relação do homem com a natureza, processo no qual o homem se produz a si próprio, como ser genérico, numa natureza apropriada e que é condição (meio e produto) de sua produção. Nesse processo, a natureza vai assumindo inicialmente a condição da realização da vida no planeta, meio através do qual o trabalho se realiza, até assumir a condição de criação humana como resultado da atividade que mantém os homens vivos, reproduzindo-se no movimento do processo contraditório de humanização da humanidade.

A partir desse raciocínio, dois deslocamentos nos procedimentos de análise são importantes: 1) a superação da ideia de um espaço "geográfico" como palco da ação humana, quadro físico reduzido à compreensão da distribuição das atividades dos homens/grupos humanos, passando para a ideia de produção social do espaço como momento da produção da vida em seus conteúdos sociais; 2) a superação da ideia de população organizadora do espaço da vida, passando para a ideia de sociedade em sua condição de sujeito que transforma a natureza em mundo social, portanto, em história. Assim também, no plano da análise urbana, inverte-se a explicação que trata, hoje, a própria cidade como sujeito da ação, obscurecendo a sociedade como sujeito produtor da realidade urbana. Essa inversão ilumina a contradição do processo de produção do espaço no capitalismo: um processo de produção socializada, mas cuja apropriação é privada; 3) às especializações que fragmentam o conhecimento da realidade – preso ora à objetividade, ora à subjetividade absoluta – em direção à compreensão da totalidade do fenômeno.

O espaço pensado como produção/produto da ação da sociedade, imerso na totalidade da reprodução social (desdobrando-se na relação dialética sujeito-objeto que ilumina a sociedade como sujeito e o espaço como sua obra social e histórica). Assim sendo, a produção do espaço, como construção social, é condição imanente da produção humana. Esta é a tese na qual se apoia o desenvolvimento das reflexões que fundamentam a passagem da geografia à metageografia, definida como produto da crítica da Geografia. Tal crítica envolve o debate sobre a espacialidade da sociedade – no qual ganha centralidade a ideia do espaço definido como condição, meio e produto da reprodução social.

A TEORIA E A PRÁTICA

A relação dialética entre teoria e prática, superando um problema epistemológico, apoia-se na releitura (do ponto de vista geográfico) da relação homem/natureza como produtora do mundo e do homem (enquanto sociedade). As ações decorrentes dessa relação produzem o espaço como processo civilizatório, apontando a produção do espaço como imanente à produção da vida. Tal fato indica que o modo da materialização do processo espacial realiza-se na vida cotidiana pela concretização das relações sociais produtoras dos lugares. Da mesma forma, espaço e tempo aparecem através da ação humana em sua indissociabilidade, o que situa o início da reflexão na já mencionada relação dialética teoria-prática: a) no plano teórico permite estruturar as bases sobre as quais se constrói a relação entre o conhecimento geográfico e a teoria social a partir da centralidade do conceito de produção social do espaço, o que requer repensar os conteúdos das categorias fundamentais da análise geográfica,[3] fundada na redefinição dos conteúdos do fenômeno espacial a partir do seu fundamento: a relação homem/natureza e seu desdobramento, a relação sujeito/objeto. Nossa hipótese é a de que o "geográfico", que aparece adjetivando o espaço, pode ser superado pela compreensão da espacialidade das relações sociais, localizando "geográfico" no plano da teoria social. Em vista dessa hipótese, o espaço seria um produto/obra da sociedade, sem negar, todavia, a análise da localização (e distribuição das atividades e produtos na superfície da terra). Trata-se de uma premissa que traz exigências teóricas, de modo que se faz necessário elaborar a tese segundo a qual o espaço é condição, meio e produto, da reprodução das relações sociais produtoras do mundo.

O argumento dessa análise repousa sobre dois aspectos básicos:

1) A Geografia como ciência social nos obriga a pensar o papel do espaço (objeto da Geografia) na dinâmica social do mundo que se constitui (teórica e praticamente) como prática sócio-espaço-temporal. Estamos diante de uma prática que, ao longo da história, revela-se em sua dimensão social: o espaço como condição da manutenção dos homens vivos, a qual, por sua vez, é condição de construção da própria história dos homens. Em decorrência disso, surge uma questão: como a Geografia – na qualidade de ciência parcelar, isto é, uma disciplina no conjunto das ciências humanas – teria potência para construir a compreensão da realidade urbana em sua totalidade?
2) No plano da prática, por sua vez, o desvendamento do momento atual do mundo enfoca o papel da reprodução do espaço como momento da reprodução da sociedade. Isso significa dizer que nos deparamos com uma sociedade urbana como realidade e horizonte da análise, articulando três níveis escalares: *o plano do mundial*, que aponta a realização e a virtualidade do seu processo de reprodução contínuo; *o plano do lugar*, que expõe a realização da vida humana nos atos do cotidiano enquanto modo de apropriação que se realiza pelo uso, através do corpo, e em confronto com as necessidades de realização da acumulação do capital; e, por fim, *o plano da metrópole* – a mediação necessária entre os outros dois níveis –, que permite a compreensão da hierarquia espacial como desenvolvimento espacial desigual (superando a ideia de rede urbana assentada na distribuição das funções e atividades econômicas e culturais medidas pelo crescimento econômico). Esse movimento do método nos coloca, também, diante da importância das escalas do tempo, aquelas que ligam de forma descontínua passado, presente e futuro, pontuando a acumulação da história no processo de reprodução do espaço, processo civilizatório e prolongamento da utopia como superação das alienações vividas no presente. A articulação/justaposição desses três níveis e escalas (do espaço e do tempo) ganha conteúdo através da noção de "reprodução" (desdobrada da noção de produção). Assim, a realidade humana e social como realidade urbana aparece como problemática espacial, articulando dialeticamente a produção da teoria sobre a produção do espaço social e a compreensão da realidade urbana contemporânea no seio da totalidade social.

O CAMINHO DO MÉTODO: MARX E LEFEBVRE

No âmbito da Geografia, a exigência da produção de um conhecimento que contemple a totalidade social propõe a superação da contradição entre a Geografia como campo disciplinar (produto da divisão do conhecimento) e sua necessidade de compreender a realidade em sua totalidade. Esse fato requer a relação indissociável entre a realidade e o ato que a compreende, em um contexto em que o processo de conhecimento despedaçou-se, fragmentando-se pela especialização demandada pelo estreitamento do tempo de pesquisa e pela ideologia do produtivismo. A superação dessa contradição passa pelo método dialético, visto que ele se apresenta como um caminho do pensamento capaz de compreender o mundo iluminando o elo teoria-prática em suas contradições, deslocando, assim, a questão do plano da epistemologia para o da prática, com redefinição/superação dos conteúdos dos conceitos. Tal caminho constitui-se através de dois autores centrais: Karl Marx e Henri Lefebvre.

A filosofia, para esses autores, apresenta três traços importantes: a orientação em direção à totalidade; o caráter crítico em relação ao conhecimento existente e, no limite, a própria superação da filosofia pela crítica. Com isso cria-se um horizonte cuja perspectiva é a de pensar o homem total (conteúdo do humanismo). Assim, o pensamento move-se ultrapassando as categorias fixas, uma vez que o movimento da realidade move o movimento do pensamento. Nessa direção, a noção de verdade é relativa, e o saber adquirido está sempre sendo posto em questão. Todavia, não se pode ignorar que ambos os autores colocam as questões referentes ao mundo em que viveram – o conhecimento em suas determinações históricas. Nessa situação histórica, formulam metodologicamente as contradições de seu mundo, o que assinala que o processo de humanização vem acompanhado das condições históricas que a bloqueiam e apontam os "resíduos" que não sucumbem à lógica do capital e que por isso permitem a construção de um novo humanismo como promessa utópica. O materialismo dialético, movimento da ciência que nasce da prática, volta-se necessariamente para o possível, apontando uma totalidade que difere do sistema que se quer coerente, estável, positivo – assim, o conhecimento se prolonga para além de seu tempo.

A obra de Marx sedimentou o caminho da revolução da Geografia dos anos 1960/1970, a qual se focou no materialismo histórico, desenvolvido nas obras de Harvey e Soja como materialismo histórico-geográfico. Hoje a obra de Lefebvre permite superar os limites da obra de Marx em face das transformações do mundo, como, por exemplo, os limites da centralidade da contradição capital/trabalho na explicitação do mundo moderno. É preciso esclarecer, porém, que esses limites não obscurecem sua potência explicativa do momento atual, mas relativizam-na, uma vez que o fenômeno urbano desloca a centralidade dessa contradição no mundo moderno, tal qual aparece na obra de Lefebvre. Isso se dá porque a preocupação de Henri Lefebvre com o entendimento do mundo na segunda metade do século XX coloca-o diante de novas questões, o que implica, do ponto de vista metodológico, a necessidade de superação e/ou desenvolvimento de alguns conceitos trabalhados por Marx, bem como a introdução de novas noções, superando as leituras dogmáticas. É assim que a problemática do espaço desenvolve-se nas obras de Lefebvre a partir da discussão em torno da realização da acumulação do capital, apontada por Marx, o que o coloca diante da necessidade de elaboração de novos conceitos – como os de urbano, cotidiano, diferença etc. – para dar conta da explicação desta época. Como consequência, o método dialético (desenvolvido por Marx) desdobra-se em Lefebvre. A dialética do tempo transforma-se em dialética do espaço. Essa é sua grande contribuição para pensar o mundo moderno, tornado urbano.

A problemática do espaço desenvolve-se nas obras de Lefebvre a partir da discussão do conceito de produção desdobrada em reprodução, o que sinaliza mudanças no desenvolvimento das forças produtivas que, na segunda metade do século XX, não acarreta somente a produção de coisas no sentido clássico do termo, mas se estende também à reprodução de relações sociais – acrescentando-se algo de novo à produção. A reprodução se desloca da fábrica para tomar a cidade e a vida cotidiana. Em síntese, ao superar o espaço euclidiano como referencial, Lefebvre revela a especificidade do espaço quando este deixa de ser confundido com o espaço mental e passa a ser identificado com o físico, ganhando, assim, a dimensão de produto social que contém relações sociais de produção, lugares apropriados, relações de produção etc. O interesse desloca-se das coisas no espaço para a produção do espaço, um espaço da globalidade. Dessa forma,

> [...] o estudo do espaço social e de sua organização (ao mesmo tempo que o estudo do tempo social e de sua organização ligada àquela do espaço) permitiu mostrar que não existe somente entre relações de produção e modo de produção (base e superestrutura) mediações abstratas como o direito, mas mediações concretas e práticas como aquela do espaço.

Levando a afirmação constitutiva do pensamento marxista às últimas consequências, Lefebvre analisa o modo como a forma essencial da contradição entre as relações de produção e as forças produtivas aparece, descobrindo que o desenvolvimento das forças produtivas promoveu um salto qualitativo ao localizar-se de outro modo no espaço, produzindo-o. Por outro lado, o autor avalia que as mercadorias e os objetos parecem ter mudado de sentido, já que no processo de mundialização do capital há transformação da mercadoria e de seu equivalente. Nessa escala, o objeto mudou qualitativamente. No estágio atual do processo de produção, o objeto, em vez de designar uma simples coisa, um objeto material, torna-se estratégico e político.

Em Lefebvre, a problemática espacial está, assim, essencialmente vinculada à reprodução das relações sociais de produção, que se desenvolve num espaço social produzido em escala mundial. A reprodução das relações sociais, neste momento, envolve a ação estratégica do Estado, o saber, o conhecimento, as relações sociais, as instituições gerais da sociedade e a produção do espaço. Nesse sentido, a reprodução social envolve a produção, mas também a estratégia fundada no repetitivo, no cotidiano, no espacial, o que significa que as relações sociais processam-se através da lógica da ação política, da gestão das relações sociais e do desenvolvimento das forças produtivas pelo Estado, abarcando o controle deste sobre a técnica e o saber. Assim, a reprodução realiza-se no espaço, que aparece enquanto condição para a reprodução ampliada assegurada pelo Estado, o qual, por sua vez, produz um espaço controlado. Desse modo, o capitalismo produziu o espaço da mundialidade através de relações novas de reprodução e dominação, as quais o Estado assume para a manutenção geral das relações sociais. Tal manutenção é elaborada por meio de uma estratégia fundada no repetitivo, no burocrático, no cotidiano. A produção continuada do espaço aparece, assim, como o segundo setor da economia.[4]

Desse modo, a obra de Lefebvre aponta uma mudança no sentido da história em que não são mais reconhecidos os traços da historicidade, pois as histórias particulares realizam-se agora no seio do mundial que se anuncia. Nessa perspectiva, o mundial passa a ser o ponto de partida e de chegada da análise, o que coloca, assim, ênfase sobre o possível e não sobre o real. Dessa maneira, o mundo se faz mundo tornando-se o que era virtualmente. O mundial que se entrevê no horizonte, como possibilidade já parcialmente realizada, é um elemento indiscutível na elucidação do mundo moderno, já que o global e a globalidade, o total e a totalidade, apresentam-se sob a figura do mundial, dando um novo sentido à *práxis*. Destarte, há um salto qualitativo do histórico ao mundial. Todavia, a relação historicidade-mundialidade é conflituosa e o "conflito entre historicidade-mundialidade resolve-se na produção de um espaço mundial enquanto obra do tempo histórico no qual este se realizou".[5] Para o autor, existe, assim, uma nova problemática no mundo de hoje, notadamente a urbana, nascendo da (e superando a) realidade industrial. Esta, por sua vez, acentua o cotidiano, que traz o vivido ao pensamento teórico, na medida em que remete à existência da sociedade. Por isso, a produção do cotidiano revela os conflitos humanos, as contradições da sociedade, situados no conjunto dos problemas de nossa época. O espaço, enquanto campo de possibilidades, permite conceber o virtual, isto é, a produção de um espaço diferencial que se opõe à produção de um espaço homogêneo, fragmentado e hierarquizado e que contempla o uso como ponto de partida, ou seja, considerando o vivido enquanto obra que incorpora a utopia, como o negativo do espaço abstrato, geométrico e vazio do planejamento capitalista.

A Geografia e a teoria social

Escreve Peter Gould,[6] em 1987, que "uma das mais pujantes tendências da Geografia atual é incluir em sua investigação o marco mais amplo da teoria social". Entretanto, pensamos que esse debate na Geografia traz dificuldades, no momento atual. De fato, se ao longo da produção do conhecimento geográfico, parece muito clara a ideia de que não existe sociedade a-espacial,[7] a Geografia parece ainda não ter superado a condição da materialidade absoluta do espaço. O sentido do espaço e a possibilidade de a Geografia trazer uma contribuição definitiva sobre sua importância no desvendamento do mundo moderno ainda colocam problemas. Como escreve Santos:[8]

> [...] se a Geografia deseja interpretar o espaço humano como o fato histórico que ele é, somente a história da sociedade mundial, aliada à da sociedade local, pode servir como fundamento à compreensão da realidade espacial e permitir a sua transformação a serviço do homem, pois a história não se escreve fora do espaço e não há Geografia a-espacial.

Dessa primeira colocação, o autor deriva a ideia de formação espacial, alegando que as diferenças entre lugares são o resultado do arranjo espacial dos modos de produção particulares, por meio do qual os modos de produção tornam-se concretos sobre uma base territorial historicamente determinada.[9] Ao longo de sua obra, a ideia de formação social evolui para a de formação social condicionada pela organização do espaço, isto é, pelos dados que dependem diretamente da formação social atual, mas também das formações permanentes.[10] Em sua obra da década de 1990, todavia, Milton Santos torna precisa a noção de meio-técnico-científico-informacional, a partir da qual o conceito de espaço perde a centralidade para a noção de meio, enfraquecendo a perspectiva da análise fundamentada na produção social do espaço.[11]

Para Moreira, o conceito de espaço – como problema-chave da Geografia – acaba se misturando aos conceitos de território e meio. Segundo o autor,

> [...] o espaço através do arranjo das localizações e distribuições que a sociedade cria para organizar territorialmente o modo estrutural de arrumar-se de suas relações, interfere então como elemento regulador dessa reprodutibilidade estrutural, retroagindo sobre a sociedade que o produz numa determinação ao revés.[12]

A prática espacial resulta num todo que não é mais apenas o ambiente socionatural de vida do homem, seu meio ambiente, e, assim, torna-se espaço-ação. Colada à noção de produto-produtor dos movimentos de reprodução de toda a sociedade, está nascendo uma teoria da ação, de modo que a renovação da Geografia desemboca na compreensão do espaço como categoria da *práxis*.[13] Souza reforça essa ideia quando escreve que, nas últimas décadas, os debates entre os geógrafos em diálogo com Foucault, Deleuze, Guattari e Lefebvre foram responsáveis por desnaturalizar a Geografia, no sentido de garantir uma posição de destaque para a conceituação do espaço geográfico também e, sobretudo, enquanto espaço social, na esteira da historicização dos vínculos entre a sociedade e a natureza, e da própria compreensão desta última, refinando a pesquisa socioespacial.[14]

Embora haja quase um consenso na Geografia Humana de que o espaço é social, o problema está na compreensão de seus conteúdos (e de suas contradições do processo) e na sua capacidade de iluminar o caminho do conhecimento sobre a realidade e sobre o mundo. Nosso raciocínio ora desenvolvido exige a subversão do entendimento do espaço enquanto localização da atividade humana (superando, sem desprezar este mesmo papel), alcançando a ideia de produção social do espaço que, por sua vez, constitui-se superando aquela de "organização do espaço" e marcando a diferença entre tal produção e o território, que apareciam confundidos.[15] Dessa inversão, vai se constituindo uma teoria que dê conta das contradições vividas, que aparecem nas formas da cidade, nos espaços-tempo da vida cotidiana, uma vez que é preciso encontrar o que funda esta sociedade desigual. Ainda com base nessa inversão, não existiria um espaço geográfico, mas sim o espaço como condição, meio e produto da reprodução social – daí entendermos a centralidade do espaço na construção da metageografia, desafiando a ideia da centralidade da noção de território na análise da Geografia.

Souza alerta "sobre o perigo de superestimar o espaço, pois exagerando-se no seu papel subestima-se as imbricações do espaço com as relações sociais nas suas várias dimensões".[16] O autor argumenta que é preciso valorizar os agentes sociais e as relações que eles mantêm entre si. A prática espacial, por sua vez, é essencial para o autor como ponte conceitual entre as relações sociais e o espaço.[17] A centralidade do espaço em nosso caminho passa pela relação dialética entre a produção do espaço como objeto e a sociedade como sujeito produtor, o que supera o perigo mencionado por Souza. O que queremos destacar, nesse caso, é que o espaço, como categoria do pensamento e realidade prática, traz em si a ideia de referência para o ser humano – por ser sua condição de existência – e ilumina a história dessa produção, isto é, as transformações da sociedade que trazem como consequência, modificações espaciais.

O percurso da crítica pelo caminho do método dialético envolve, portanto, repensar as categorias de análise, revisando os conteúdos dos principais conceitos da Geografia, num sistema superior de pensamento e de superação de uma realidade em profunda metamorfose que é urbana e mundializada, num tempo que se comprime e que requer explicação. Este movimento implica a construção de uma Geografia de aporte crítico que pretende compreender a transformação contemporânea e o estreitamento do tempo das mudanças. Com efeito, essa transformação pode ser lida no lugar e na vida cotidiana, como prática sócio-espaço-temporal, num ato que tenta construir uma compreensão dessas mudanças que vêm constituindo o "mundo de privação". Mergulhando, assim, nas possibilidades e nos limites dessa transformação, esta Geografia atualiza a compreensão da alienação no mundo moderno e dá potência à análise geográfica da realidade. Dessa forma, o pensamento crítico orientado para a totalidade social engloba o econômico e o político como planos de análise, além de acentuar o social.

Em suma, a construção de uma metageografia na atualidade repousa sobre a reinvenção dos sentidos mais profundos da produção social do espaço e sobre a revisão de algumas importantes categorias de análise, a partir do desdobramento da noção de produção do espaço. Esse esforço ocorre em consonância com a ideia, apontada por José Paulo Netto, de que em Marx

> [...] a crítica do conhecimento acumulado consiste em trazer ao exame racional, tornando-os conscientes, os seus fundamentos, os seus condicionamentos e os seus limites – ao mesmo tempo em que se faz a verificação dos conteúdos desse conhecimento a partir dos processos históricos reais.[18]

A tríade do espaço como condição, meio e produto da reprodução social

Deslocar o debate do "espaço" para o da "produção/reprodução social do espaço" implica uma perspectiva que ilumina o entendimento da cidade enquanto obra humana, materialidade produzida ao longo da história, localização e produto em seu movimento constante de reprodução. Essa abordagem permite, portanto, vislumbrar o espaço como um produto da humanidade e a sociedade como sujeito dessa produção. Assim, a produção da vida/produção do espaço constitui uma relação histórica e aparece como momento civilizatório, assinalando, assim, a indissociabilidade entre a produção do humano e a produção do espaço. Disso se desdobra a tríade que se constrói no movimento do método (como desdobramento da relação sujeito-objeto) e que dá centralidade à noção de produção social do espaço. O espaço enquanto *condição*, *meio* e *produto* da sociedade aponta novos conteúdos ao abrir o pensamento à totalidade social. A tríade reforça a reprodução social, bem como a espacialidade das relações sociais. Considerando que a produção do espaço traz como consequência sua reprodução, deparamo-nos com a necessidade de pensar o movimento da história que as explicite. A noção de reprodução desdobra-se daquela de produção e decorre da necessidade de compreensão do movimento constante da realização da sociedade,[19] obrigando-nos a pensar os termos da reprodução hoje (sob a égide da reprodução capitalista) em suas possibilidades e limites definidos. Nesse processo, sujeito e objeto vão se revelando.

Assim, o entendimento do espaço como *condição* envolve e supera a ideia de materialidade. Certamente as atividades humanas distribuem-se no espaço, mas há que se considerar o plano das relações sociais, definidoras dessas atividades. Ao mesmo tempo, as atividades envolvem um conjunto de ações, bem como uma dialética espaço-tempo. É nessa medida que o espaço como condição da produção social aponta para a dimensão material, isto é, o espaço como materialidade envolve necessidades/representações e desejos, bem como relações de classe e poder, que percorrem todo o processo. A materialidade abriga o movimento da história, no qual figura o trabalho morto acumulado pelo processo de transformação constante da natureza em espaço social e sua reprodução ao longo do processo histórico, ação prática dos homens restituída-presentificada – atualizada como infraestrutura que é, também, produto do conhecimento e das representações de mundo.

Essa dinâmica espacial realiza-se numa estrutura, tem uma forma e adquire funções individualizadas dependendo do tempo. Portanto, essa dimensão material contempla níveis e planos que a relativizam, o que evidencia não se tratar meramente de espaço construído. Há simultaneidade/dialética na produção e reprodução, mas há também uma escala a ser pensada em articulação às escalas espaço-temporais. Reunidas, todas as qualidades (conteúdos da ação humana) aparecem como diferenciação e desigualdade dos lugares e entre esses mesmos lugares no tempo, marcando diferenças nas escalas espaço-temporais. Essas qualidades envolvem uma totalidade que foge do material para incorporar o universo dos sujeitos produtores em sua relação com essa mesma materialidade. Como condição, por fim, o espaço adquire também a forma e a função de capital fixo para a reprodução da acumulação.

O entendimento do espaço como *meio*, por seu turno, revela o próprio espaço como mediação da ação que produz a vida, descortinando a sociedade em ato. Revela, também, a atividade desta sociedade como conhecimento/técnica/divisão social. Isso porque as relações com a natureza não são diretas, logo requerem mediações – divisão do trabalho, conhecimento, técnica, representação etc. Isso envolve pensar os sentidos estrito e lato do termo *produção*, bem como daquele de produto como obra. É aí que a produção de mercadorias e produtos se diferencia da produção de obras. Assim também tais relações comportam escalas – no e do espaço e no e do tempo –, o trabalho acumulado no tempo. Esse movimento esclarece também as representações da sociedade sobre o mundo, que, por sua vez, têm um sentido político, quer dizer, comportam relações com interesse de classe, assim como suas lutas.

Já o entendimento do espaço como *produção/produto*, isto é, o espaço como forma do trabalho humano (social), momento indissociável da produção do espaço-mundo, sintetiza o produto das relações sociais e suas determinações históricas. Como terceiro termo da tríade, pode revelar o mundo e a realidade social em suas contradições, limites e possibilidades. As contradições que surgem dessa produção desvelam-se no produto: segregação socioespacial, privação, lutas e projeto – todos situando-se na *práxis*, que abre a análise para o cotidiano e o plano do lugar.

O cotidiano e o lugar no movimento da reprodução das relações sociais

A tríade apresentada anteriormente indica a dimensão prática do espaço, revelando a vida humana como consequência da potencialização do conceito de produção desenvolvido por Marx. A materialização do processo social é dada pela concretização das relações sociais produtoras dos lugares, que é uma dimensão da produção/reprodução do espaço, passível de ser vista, percebida, sentida, vivida pelo corpo social. Os diversos elementos que compõem a existência comum dos homens inscrevem-se num espaço, deixam aí suas marcas que iluminam o plano do lugar onde se manifesta a vida como ação, num espaço-tempo real. Desse modo, a produção da vida é também a produção prática do espaço, realidade e lugar de constituição da identidade que sedimenta a memória. A sociedade constrói um mundo objetivo na prática socioespacial, que se revela em suas contradições, num processo em curso de realização que tem sua base no processo de reprodução das relações sociais. O enfoque da compreensão do mundo no cotidiano é a grande contribuição da obra de Lefebvre localizada no movimento do processo de reprodução. O cotidiano aparece como o lugar da redução do capital, como desdobramento do mundo da mercadoria apontado por Marx e das contradições impostas à acumulação, cuja lógica é ampliar-se e encontrar novas áreas de atuação. A obra do autor desvenda que, a partir da segunda metade do século XX, é através da produção do cotidiano, do urbano e do espaço que vem se realizando a reprodução das relações sociais de produção.

Todavia, se o cotidiano é o lugar da reprodução do capital, lugar de realização da cumulação, é também momento e movimento de apropriação, o qual sinaliza que o homem se apropria do mundo apropriando-se do espaço com todos os seus sentidos, isto é, com todo o seu corpo. De fato, a apropriação revela-se em atos e situações no plano da vida cotidiana, no lugar. Isso coloca tensões no cotidiano como produto da história em suas contradições. Para Henri Lefebvre, um espaço modificado para servir às necessidades e possibilidades de um grupo passa pela sua apropriação, atividade que pode ocorrer à semelhança de uma obra de arte."[20] Segundo as ideias de Lefebvre, o conceito de apropriação é um dos mais importantes que nos chegou de séculos de reflexão filosófica, enfocando a ação dos grupos humanos sobre o meio material a partir de dois atributos: a dominação e a apropriação. A dominação sobre a natureza material, resultado de operações técnicas, arrasa esta mesma natureza e permite às sociedades substituí-la e transformá-la em seus produtos. Já a apropriação não arrasa, mas transforma a natureza – o corpo e a vida biológica, o tempo e o espaço dados – em bens humanos. A apropriação é a meta, o sentido e a finalidade da vida social.[21]

O plano do lugar expõe a realização da vida humana nos atos da vida cotidiana, enquanto uso e apropriação possível dos espaços-tempo no seio da vida cotidiana, e é assim que em cada momento da história produz-se um espaço. Dessa forma, a ação que se volta para o fim de concretizar a existência humana realizar-se-ia enquanto processo de reprodução da vida, pela mediação do processo de apropriação do mundo. Trata-se de um processo que ocorre revelando persistências/preservação, rupturas/transformações. A esfera do cotidiano sublinha, portanto, entrecruzamentos de escalas espaciais e temporais. Logo, o cotidiano envolve o que se passa no âmbito: do processo de trabalho e fora dele; da produção de relações mais amplas ligando-se às relações que ocorrem no e a partir do lugar do morar; das atividades de trabalho e de lazer; e, também, da esfera da vida privada.

Esse conjunto de relações guarda o sentido do dinamismo das situações pontuadas por necessidades e desejos, coações e ações que fogem ou se rebelam ao "poder estabelecido". Portanto, a relação entre cidadão e cidade é atravessada por modos de apropriação no cotidiano que marcam os usos e que envolvem uma multiplicidade de aspectos e de possibilidades. Como consequência, as condições de vida da sociedade pressupõem um entendimento que supere o plano restrito do econômico, abrindo-se para o entendimento da sociedade em seu movimento mais amplo. Isto é, a realidade e seu entendimento expandem-se do plano específico da produção de mercadorias e do mundo do trabalho (sem, todavia, deixar de incorporá-los) para o plano do habitar, do lazer, da vida privada.

A apropriação revela seu contraditório: a segregação, característica da produção da cidade contemporânea e expressão da mercantilização do espaço na totalidade do processo de reprodução do capital. A segregação vivida na dimensão do cotidiano (onde se manifesta concretamente a concentração da riqueza, do poder e da propriedade) apresenta-se, inicialmente, como diferença, tanto nas formas de acesso à moradia (a expressão mais evidente da mercantilização do espaço urbano), quanto em relação ao transporte urbano entendido como limitação de acesso às atividades urbanas (expressão da separação do cidadão da centralidade), bem como através da deterioração, cercamento ou diminuição dos espaços públicos (expressão do estreitamento da esfera pública). Essa diferenciação ganha realidade na separação/apartamento que condicionam as relações sociais e também no modo como cada cidadão apropria-se do espaço. Desse modo, a segregação surge em contradição à reunião, que é o sentido mais profundo da prática urbana, porta de entrada para a compreensão da condição urbana hoje.

Apesar de acompanhar a história da cidade, a segregação aparece no cenário moderno como característica fundamental da produção do espaço contemporâneo cujos fundamentos repõem as bases sobre as quais se apoia o capitalismo: propriedade privada, concentração da riqueza, hierarquia social numa sociedade de classes. É assim que, na cidade, o acesso à moradia e tudo que ela implica – constituindo o universo do habitar – submetem-se ao mercado, à compra e venda dos "lugares de realização da vida". Tais lugares revelam a produção do espaço sob a lógica do capital, produzido como mercadoria, e apontam a contradição valor de troca/valor de uso. Essa fragmentação produz uma lógica segundo a qual as necessidades do mercado se impõem sobre a vida humana, capturando-a. O cotidiano é o lugar da ação e do conflito, da consciência e da elaboração do projeto. Da reivindicação do "direito ao uso". Assim, os conflitos tendem a estourar no plano do imediato enquanto drama explicitado na condição atual dos seres humanos, dilacerados por múltiplas alienações.

A QUESTÃO URBANA (COMO DESDOBRAMENTO DAS CONTRADIÇÕES DA ACUMULAÇÃO)

A reprodução do espaço urbano, um fenômeno contínuo, assinala as significativas transformações da metrópole – intermediária entre o local e o global – à medida que a sociedade vai se modificando sob a orientação do capitalismo, o qual transforma, estrategicamente, o espaço como lugar e meio de sua realização. As metamorfoses do urbano, da vida cotidiana e do processo de acumulação crítico do capital aludem à atual passagem da hegemonia do capital industrial para o capital financeiro, destacando o papel do setor imobiliário na reprodução do espaço urbano – como 2º setor da economia, anunciado por Lefebvre. A questão urbana nos remete à compreensão da cidade e do urbano no século XXI e também a do novo papel do espaço na produção da realidade urbana vista a partir da metrópole – lugar onde o processo se encontra em sua face mais consolidada e a partir da qual se pode tecer a trama do desenvolvimento desigual da produção do espaço capitalista no território nacional. Um exemplo disso é dado pela metrópole de São Paulo, cujo espaço é reproduzido como negócio.

Nesta fase, o capitalismo reproduz a própria cidade enquanto mercadoria, em um momento em que a criação de novos setores econômicos integrados ao capitalismo mundial faz da cidade fonte de seus negócios. Nesse contexto, o espaço urbano ganha a condição de produto imobiliário e é consumido produtivamente, como é o caso do turismo e o da produção dos serviços modernos. Com isso, a acumulação afirma-se através da extensão espacial, estabelecendo funções específicas às parcelas do espaço a partir do desenvolvimento das forças produtivas, em suas novas modalidades de produção, redefinindo a urbanização que se efetiva sob a pressão do mercado mundial.

Assim sendo, no amplo processo de acumulação, o capitalismo estende-se à produção do espaço, englobando e articulando novas áreas pela necessidade de expandir-se para novas esferas produtivas. Isso está relacionado com o processo cíclico de realização do capital, que, ao encontrar seus limites, impõe a necessidade de compressão do espaço e do tempo, fazendo com que a acumulação se estenda de forma mais ampla à produção do espaço, a fim de atender à necessidade de expansão e de crescimento do ciclo de reprodução. Nessas circunstâncias, o processo de produção não cria apenas mercadorias clássicas, mas cria a própria produção da cidade como mercadoria. A passagem da produção do tipo clássico – aquela dos meios de produção ou bens de consumo – em direção à produção do próprio espaço como capital fixo esclarece um novo momento da acumulação e, com ele, um novo sentido para a urbanização. Essa mesma urbanização, tornada um negócio no movimento de expansão do capital, aprofunda as contradições.

A produção do espaço-mercadoria efetua-se em dois níveis, nomeadamente o da produção da habitação (uma mercadoria intercambiável no mercado imobiliário, sem o qual a função da moradia não se realiza) e o da produção da própria cidade (pelo trabalho social presente e acumulado ao longo da história). Para o capital, a materialidade do espaço é o suporte do valor de troca, a forma como, pela extensão do processo de urbanização, cria-se o espaço como produto imobiliário e como rede de infraestrutura, articulando o público e o privado numa morfologia diferenciada socialmente pela ação dos capitais públicos e privados (ora em conflito, ora em aliança). Em outros termos, a reprodução do espaço aparece como uma possibilidade de realização da acumulação através do movimento do capital.

Lefebvre, ao apontar a produção imobiliária como segundo setor da economia, destaca o papel de fixidez do solo urbano, responsável por limitar a expansão da produção espacial. Todavia, hoje o movimento de reprodução na metrópole de São Paulo, sob a égide do capital financeiro, expressa uma mudança do sentido do solo urbano para o capital. Nessa conjuntura, o solo urbano deixa de ser um lugar de fixidez do investimento para se tornar o lugar através do qual ele vai se efetivar.[22] O exemplo desse movimento é o processo de terciarização em São Paulo.

Primeiro movimento: a passagem de uma economia assentada no capital industrial para aquela sob a hegemonia do financeiro[23] aparece na produção de um setor econômico terciário avançado na metrópole paulistana e coloca a necessidade de produção de edifícios corporativos capazes de abrigá-lo, posto que não há área edificável compatível com esta atividade na área de centralidade metropolitana, para abrigar os novos setores da economia. A expansão do capital se confronta, assim, com a escassez de solo urbano – trata-se de uma contradição do movimento de acumulação do próprio capital que ao desenvolver a propriedade privada do solo produz sua raridade.

Segundo movimento: a realização da economia assentada nos serviços exige, por sua vez, a realização do ciclo do capital, com diminuição dos custos de produção em função do alto grau de competitividade do mercado. Uma forma de resolver a questão é diminuir os custos de produção, dentre eles aquele da compra do imóvel, que passa a ser, quase que exclusivamente, alugado. Mas essas atividades exigem a centralidade, em que não há edifícios para abrigá-la. Para resolver essa contradição, o que está posto no horizonte é a necessidade de ampliá-la por meio da conquista de uma área já edificada e densa capaz de receber os novos edifícios, o que vai se fazer através de uma estratégia política. Diante da raridade do espaço, o setor público vai agir no sentido de viabilizar a superação destes limites. As políticas públicas (sob o signo das renovações/operações urbanas) agem no sentido de liberar áreas – localizadas no centro da metrópole – para a produção desse imobiliário, desapropriando áreas residenciais e criando novas leis de ocupação necessárias à realização desse investimento (como mudança de zoneamento e de edificação). Com isso, abre-se espaço para superar os limites da acumulação e o dinheiro que não pode ser aplicado na indústria, que se desloca da metrópole.

Terceiro movimento: neste momento da reprodução do espaço paulistano, o capital, sob a forma do dinheiro, será aplicado no espaço, isto é, o mercado financeiro dirige seu investimento para o solo urbano, na compra de um terreno passível de ser edificado – nas áreas renovadas com a infraestrutura promovida pelo município. Isso significa que uma parcela desse dinheiro vai se transformar em capital fundiário; em seguida, outra parcela de capital vai ser aplicada na construção civil, abrindo frente, portanto, para que essa fração se reproduza na forma de capital industrial (através da indústria da construção civil), produzindo o imóvel e, com isso, realizando o lucro. Esses dois momentos demonstram que esses edifícios, compostos de escritórios, realizam as frações do capital neles investidos. Já o setor imobiliário age como mediação do processo, tomando a seu cargo a locação e a administração dos imóveis, viabilizando a potencial transformação do dinheiro em capital e realizando, ainda, a propriedade privada do solo. Nesse momento, o capital fundiário, que é produtivo na metrópole, também se reproduz.

Entretanto, para que isso aconteça, a mediação do Estado é absolutamente central, uma vez que é ele que custeará a infraestrutura necessária à realização desse movimento, regularizando os estoques de terra em função da raridade produzida pelo solo não edificável (já ocupado) e também atuando diretamente na concretização de operações urbanas que irão desmobilizar parcelas de solo urbano para este novo ciclo do capital. A operação urbana é, portanto, a possibilidade de eliminar os usos do espaço que não atendam às renovadas necessidades do capital. Ela permite a produção de uma outra coisa ao criar um novo mercado de terras na metrópole, com base na desapropriação e na consequente restituição ao mercado de terras de parcelas necessárias à realização das frações de capitais centralizadas na metrópole. O processo produtivo, em sua totalidade, vai se resolver, portanto, através da relação das várias frações de capital: fundiário, industrial e comercial. O processo novo da reprodução vai se realizar por meio da articulação entre essas frações de capital e por meio de uma nova determinação espaço-temporal. Em síntese, é esse movimento geral da reprodução que vai permitir que o espaço assuma um novo papel na reprodução do capital, e, de condição e meio para a reprodução da produção de mercadorias, agora o espaço torna-se ele próprio produtivo. A cidade se reproduz enquanto negócio, o que permite superar a imobilidade do capital aplicado no solo urbano pelo movimento da alocação do imóvel construído sob a forma de escritórios fazendo expandir a centralidade metropolitana, formando o eixo empresarial-comercial de São Paulo. É a produção do espaço abstrato.[24]

UM CAMPO DE LUTAS

Esse conjunto de processos realiza-se num conflito violento entre a produção do espaço da metrópole orientada pela lógica da realização do valor de troca e as necessidades da sociedade que usa a cidade como momento necessário à reprodução da vida urbana. Nesse contexto, a metrópole, produção social e espaço-tempo da realização da vida, aparece como algo exterior à sociedade, como potência estranha, na medida em que a prática urbana é invadida pelas possibilidades, sempre ampliadas, de realização da acumulação, o que impõe fortes restrições às formas de apropriação do espaço objetivando o uso. É nesse sentido que se observa um conflito agudo e violento que se desenrola no espaço entre dois valores: o espaço como valor de troca e o espaço como valor de uso. O valor de troca evolui em direção a uma abstração cada vez maior, pois se trata de espaços estreitamente submetidos à dominação da troca por especulação, pelo investimento de capitais. Na direção oposta, o espaço urbano é, para os sujeitos, a possibilidade de realização da vida, ou seja, é um uso que envolve um emprego de tempo. Numa luta constante pela sobrevivência, o cidadão confronta-se, assim, com o outro do humano: a deterioração das condições de vida, a ausência do direito, as situações de exclusão, o aprofundamento da realidade mercantil que molda comportamentos, a abstração concreta do mundo da mercadoria e de suas formas arbitrárias.

Todavia, na consciência da alienação, na submissão ao mundo da mercadoria, na privação vivida, está posta a perspectiva da luta. As renovações urbanas vêm acompanhadas de muita resistência da parte da sociedade que se depara, no cotidiano e no lugar da vida, com as mudanças. Essa consciência dos limites impostos à vida urbana se desdobra para além dessas áreas e vai mover os conflitos que se desenvolvem sob a forma de lutas pelo espaço e em torno do "direito à cidade". A consciência da privação sinaliza, portanto, um movimento em direção ao devir, que, mais do que acentuar o possível, traz a exigência de construção de um novo projeto de sociedade que acompanha esse novo momento da acumulação do capital. A aposta no movimento inerente ao real apela à reflexão e à ação orientadas para o futuro, o que significa que há sempre um resíduo incapaz de ser absorvido pela lógica capitalista e que se sustenta devido à irredutibilidade do humano à passividade.

PARA FINALIZAR

O caminho passa pelo horizonte da crítica que impõe a necessidade de pensar algumas superações[25] necessárias como: a) da redução da problemática urbana àquela da gestão pública da cidade e a insuficiência da crítica da proposta da "gestão democrática"; b) da compreensão da cidade enquanto quadro físico, ambiente trazendo, como consequência, a construção de políticas públicas que reproduzem as condições de privação do cidadão na cidade; c) da compreensão da cidade enquanto sujeito de ação que domina a investigação urbana; d) da existência de uma renda da terra urbana que encobre os conteúdos da produção social do espaço urbano; e) do obscurecimento da propriedade privada do solo urbano – fundamento da segregação, trazendo como consequência, a ausência de crítica à "função social da propriedade"; f) da compreensão da cidade reduzida a uma escala de tamanho; g) a segregação tratada como apartamentos/separações de grupos no espaço da cidade; h) da violência urbana tratada como criminalidade; i) do direto à cidade tornado política pública trazendo, como decorrência, a perda do horizonte utópico.

A exigência da produção de um conhecimento que contempla a totalidade social propõe a superação da contradição entre a Geografia como campo disciplinar produto da divisão do conhecimento e sua necessidade de compreender a realidade em sua totalidade. Requer a relação indissociável entre a teoria e a prática (isto é, entre a realidade e o ato que a compreende), o que aponta para a análise da realidade e requer a totalidade como condição, num momento em que o processo de conhecimento se esmigalhou, fragmentando-se. Esse é um momento e movimento necessário da compreensão do mundo que nos cerca, superando a contradição entre a totalidade contraditória do mundo e a fragmentação das disciplinas. Esse caminho exibe a superação da Geografia – através da crítica – em direção a metageografia como caminho para a compreensão do urbano sob o capital financeiro onde a acumulação do capital se realiza, prioritariamente através da reprodução do espaço urbano.

Notas

1 Este capítulo apresenta uma síntese de um conjunto de reflexões que são produto de pesquisas realizadas ao longo da última década.
2 Pinto, 1969, p. 83.
3 Por exemplo, a superação dos conceitos de meio ambiente ou de renda da terra urbana. Ver: A. F. A. Carlos, "O espaço como condição da reprodução", em *A condição espacial*, São Paulo, Contexto, 2011, pp. 91-123.
4 Lefebvre, 1970b, p. 146.
5 Para Lefebvre, o espaço social e político é, hoje, ao mesmo tempo real e operacional, dado e instrumento, necessidade e virtualidade. É produto, mas é também produtor e reprodutor na manutenção das relações de dominação, conceito que corresponde a uma realidade global, articulado a estratégias que se deslocam e se confrontam na escala planetária. É através do espaço atual, sua crítica e seu conhecimento, que se chegaria ao global, à síntese. "A racionalidade deste espaço [...] regula e reconduz as relações de dominação subordinando a reprodução simples (da força de trabalho) à reprodução mais complexa das relações de produção e estas à escala das relações de dominação incorporadas no espaço. As modalidades da reprodução incluem e implicam assim umas as outras, constituindo por sua vez uma morfologia hierárquica, o que garante sua inteligibilidade apesar de ameaçá-la". (Ver H. Lefebvre, *De l'Etat*, vol. IV, Paris, UGE, 1978, Collection 10/18).
6 Gold, 1987.
7 Santos, 1979; Di Méo, 2000; Carlos, 2011.
8 Santos, 1979, pp. 9-10.
9 Idem, p. 14.
10 Idem, p. 17.
11 Santos, 2006.
12 Moreira, 1982.
13 Moreira, 2012, p. 31.
14 Souza, 2013, p. 235.
15 Carlos, 2011, pp. 91-125.
16 Souza, 2013, p. 235.
17 Souza, op. cit., p. 238.
18 Netto, s/d.
19 Apesar de ser um movimento constante, a realização da sociedade não significa só linearidade, mas, fundamentalmente, simultaneidade – relação dialética entre o tempo cíclico e o tempo linear, entre continuidade e descontinuidade, entre ruptura e crise, centralidade e periferia, concentração e dispersão.

[20] Lefebvre, 1978, p. 193.
[21] Idem.
[22] Para um aprofundamento deste debate, ver Carlos, 2015.
[23] Ver Ana Fani A. Carlos, 2004, pp. 51-83.
[24] Ver Carlos, 2016.
[25] Superar significa, ao mesmo tempo, abolir e elevar (levar a um nível superior). "O conceito designa um ato e a dupla determinação desse ato... Entre essas duas determinações (abolir, elevar), situa-se a indeterminação, a abertura: a possibilidade de realizar por uma ação, um projeto." In: Henri Lefebvre, s.d., p. 82.

Bibliografia

Alves, G da A. *O uso do centro da cidade de São Paulo e sua possibilidade de apropriação.* São Paulo: FFLCH, 2010. Disponível em: <http://gesp.fflch.usp.br/sites/gesp.fflch.usp.br/files/Livro_gloria.pdf>. Acesso em: dez. 2017.

Azuela, A.; Herrera, C.; Herrera, C. "La expropriación y transformaciones del estado". *Revista Mexicana de Sociologia.* México, v. 71, n. 3, 2009.

Badiou, A.; Guachet, M. *¿Qué hacer? El capitalismo, el comunismo y el futuro de la democracia.* Barcelona: Edhasa, 2016.

Bensaid, D. *Cambiar el mundo.* Madrid: Catarata, 2004.

Bihr, A. *La nove langue néolibérale.* Lausanne: Éditions Page Deux, 2007.

Brenner, N. "O que é teoria crítica urbana?". *e-metropolis: Revista Eletrônica de Estudos Urbanos e Regionais.* Rio de Janeiro, v. 22, n. 3, ano 1, dez. 2010.

_____. "Tesis sobre la urbanización planetaria". *Nueva sociedad.* Buenos Aires, n. 243, jan./fev. 2013.

Carlos, A. F. A. *A cidade como negócio.* São Paulo: Contexto, 2015. (Trad. inglês (edição eletrônica), disponível em: <http://www.gesp.fflch.usp.br/node/83>. Acesso em: dez. 2017.)

_____. "La ciudad como privación y la reapropiación de lo urbano como ejercicio de la ciudadanía". *Actas del XIII Coloquio Internacional de Geocrítica*: el control del espacio y los espacios de control. Barcelona, maio 2014. Disponível em: <http://www.ub.edu/geocrit/coloquio2014/Ana%20Fani%20Alessandri%20Carlos.pdf>. Acesso em: dez. 2017.

_____. *A condição espacial.* São Paulo: Contexto, 2011.

_____. "Em nome da cidade (e da propriedade)". In: Benach, N.; Zaar, M. H.; Vasconcelos Junior, M. (Eds.). *Actas del XIV Coloquio Internacional de Geocrítica Las utopías y la construcción de la sociedad del futuro.* Barcelona, Universidad de Barcelona, 2016, pp. 1-15. Disponível em: <http://www.ub.edu/geocrit/xiv_anafani.pdf>. Acesso em: 13 ago. 2016.

_____. *Espaço e tempo na metrópole.* São Paulo: Contexto, 2001. (Edição eletrônica disponível em: <http://www.fflch.usp.br/dg/gesp>, São Paulo; 2017.)

_____. "A 'ilusão' da transparência do espaço e a 'fé cega' no planejamento urbano: os desafios de uma geografia urbana crítica". *Revista Cidades.* São Paulo, Grupo de Estudos Urbanos, v. 6, n.10, 2009, pp. 289-306.

_____. *Justiça espacial e o direto à cidade.* São Paulo: Contexto, 2017.

_____. "Metageografia". *Crise urbana.* São Paulo: Contexto, 2015 (Trad. inglês, *The Urban Crisis* (edição eletrônica), disponível em: <http://www.gesp.fflch.usp.br/node/83>. Acesso em: dez. 2017.)

_____. O poder do 'corpo' no espaço público: o urbano como privação e o direito à cidade. *GEOUSP (Online).* São Paulo, v. 18, n. 3, set./dez. 2014, pp. 472-86. Disponível em: <http://www.revistas.usp.br/geousp/article/view/89588>. Acesso em: dez. 2017.

_____. "La producción contradictoria del espacio urbano y las luchas por derechos". *Revista Cidades.* São Paulo, Grupo de Estudos Urbanos, v. 11 n.19, 2014, pp. 130-63.

_____. "São Paulo: do capital industrial ao capital financeiro". In: Carlos, A. F. A.; Oliveira, A.U. de (Orgs.). *Geografias de São Paulo*: a metrópole do século XXI. v. 2. São Paulo: Contexto, 2004, pp. 51-83.

Di Meo, G. *Géographie sociale et territoires.* Paris: Nathan, 1998.

_____; Buléon, P. *L'espace social*: lecture géographiques des societés. Paris: Armand Colin, 2005.

Folke, S. "Porqué una Geografía radical debe ser marxista". *Geo Crítica: Cuadernos Críticos de Geografía Humana.* Barcelona, ano I, n. 5, set. 1976.

Gold, P. "Pensamientos sobre la geografía". *Geo Crítica: Cuadernos Críticos de Geografía Humana.* Barcelona, ano XII n. 68, mar. 1987.

Gómez, A. L. "La geografía humana: ¿de ciencia de los lugares a ciencia social?". *Geo Crítica: Cuadernos Críticos de Geografía Humana.* Barcelona, ano VIII, n. 48, nov. 1983.

Hernández, E. *Geografía crítica*: espacio, teoría social y geopolítica. Ciudad del Mexico: Itaca/UNAM, 2016.

HUSSON, M. "Le capital financier et ses limites". *Contretemps*. Paris, 17 de maio 2017. Disponível em: <www.contretemps.eu/husson.>. Acesso em: dez. 2017.

LEFEBVRE, H. *De l'État*. Paris: Union Générale d'Éditions, 1978, v. 4. (Collection 10/18.)

_____. *Métaphilosophie*. Paris: Syllepse, s/d.

_____. *Le droit a la ville*. Paris: Anthropos, 1968a.

_____. *La production de l'espace*. 2. ed. Paris: Anthropos, 1968b.

_____. *La revolution urbaine*. Paris: Éditions Gallimard, 1970a.

_____. *Le manifeste différentialiste*. Paris: Galimard, 1970b.

_____. *La survie du capitalisme*. Paris: Anthropos, 1973.

_____. *Le retour de la dialectique*: 12 mots clés pour le monde moderne. Paris: Messidor/Editions Sociales, 1986.

_____. *La fin de l'histoire*. Paris: Antropos/Económica, 2001.

LEVIEN, R. *Una geografía del tiempo*. Buenos Aires: Siglo Veinteuno, 2006.

LÖWY, M. "A cidade, lugar estratégico das lutas de classe". *Margem Esquerda*. São Paulo, n. 8, nov. 2006, pp. 59-75.

LUSSAULT, M. *L'homme spatial*. Paris: Seuil, 2007.

MARTINS, J. S. *A sociedade vista do abismo*. Petrópolis: Vozes, 2003.

MARX, K. *Miséria da filosofia*. Trad. José Paulo Netto. São Paulo: Livraria Editora Ciências Humanas, 1982.

_____. *A questão judaica*. São Paulo: Centauro, 2005.

MATOS, O. *Discretas esperanças*: reflexões filosóficas sobre o mundo contemporâneo. São Paulo: Nova Alexandria, 2006.

MONCAN, P. *Villes utopiques, villes rêvées*. Paris: Les Éditions de Mécène, 2003.

MOREIRA, R. *Geografia e práxis*. São Paulo: Contexto, 2012.

NETTO, J. P. *Introdução ao método da teoria social*. Disponível em: <pcb.org.br/fdr/index.php?option=com_content&view=article&id=12:introducao-ao-metodo-da-teoria-social&catid>. Acesso em: dez. 2017.

PADUA, R. F. de. *Produção e consumo do lugar*: espaços de desindustrialização na reprodução da metrópole. São Paulo, 2012. Tese (Doutorado em Geografia Humana) – Faculdade de Filosofia, Letras e Ciências Humanas, Universidade de São Paulo. Disponível em: <http://www.teses.usp.br/teses/disponiveis/8/8136/tde-04072012-132838/pt-br.php>. Acesso em: dez. 2017.

PINTO, A. V. *Ciência e existência*. Rio de Janeiro: Paz e Terra, 1969.

RIBEIRO, Fabiana Valdoski. *A luta pelo espaço*: da segurança da posse à política de regularização fundiária de interesse social em São Paulo. São Paulo, 2012. Tese (Doutorado em Geografia Humana) – Faculdade de Filosofia, Letras e Ciências Humanas, Universidade de São Paulo.

SANTOS, M. *Espaço e sociedade*. Petrópolis: Vozes, 1979.

_____. *Metrópole corporativa, fragmentada*: o caso de São Paulo. São Paulo: Nobel, 1990.

_____. *A natureza do espaço*. São Paulo: Hucitec, 2006.

SIMONI SANTOS, César. *A fronteira urbana*: urbanização, industrialização e mercado imobiliário no Brasil. São Paulo: Annablume, 2015.

SMITH, N. *La nueva frontera urbana*: ciudad revanchista y gentrificación. Madrid: Traficantes de Sueños, 2012.

SOJA, E. W. *Geografias pós-modernas*: a reafirmação do espaço na teoria social crítica. Rio de Janeiro: Jorge Zahar, 1993.

_____. *Postmetrópolis*: estudios críticos sobre las ciudades y las regiones. Madrid: Traficantes de Sueños, 2008.

SOUZA, M. L. de S. *Os conceitos fundamentais da pesquisa sócio-espacial*. Rio de Janeiro: Bertrand, 2013.

_____. *Desafio metropolitano*. Rio de Janeiro: Bertrand, 2000.

STAVRIDES, S. *Hacia la ciudad de umbrales*. Madrid: Akal, 2016.

VOLOCHKO, Danilo. *Novos espaços e cotidiano desigual nas periferias da metrópole*. São Paulo, 2012. Tese (Doutorado em Geografia Humana) – Faculdade de Filosofia, Letras e Ciências Humanas, Universidade de São Paulo.

PENSANDO A NOÇÃO DE PRÁTICA SOCIOESPACIAL

Rafael Faleiros de Padua

Discutiremos neste capítulo a noção de prática socioespacial como uma importante conquista do pensamento no sentido deste se colocar ativamente na realidade, como produto dela e como mediação para a sua transformação. Pensaremos a prática socioespacial a partir da Geografia, como um avanço no seu instrumental interpretativo, embora saibamos que ela não se limita a esse campo do conhecimento.

A noção de prática socioespacial é derivada diretamente da noção de *práxis*, cujo debate na Filosofia ganha força no século XIX, inicialmente com Hegel e posteriormente com Marx. Assim, a *práxis* revela um debate sempre necessário na ciência, que é o questionamento permanente da relação entre teoria e prática. Nessa perspectiva, ela é desenvolvida com o propósito de buscar uma superação da dicotomia entre teoria e prática, no sentido que Marx dá ao pensamento filosófico, em sua concepção da realização da Filosofia como realização não de um pensamento descolado da realidade, mas a própria realização do homem como apropriação do mundo humano criado ao longo da história. Em um capítulo de livro sobre a noção de *práxis* a partir do pensamento de Marx, Henri Lefebvre expressa essa necessária (e difícil) condição do pensamento teórico de se realizar de forma prática, como crítica dos fundamentos da prática social. Nele, o autor indaga:

> A crítica marxista é teórica? Sim. Ela vai mesmo até o fim e até ao fundo da teoria, da análise dos conceitos. Mas ela é também fundamentalmente prática. O sistema hegeliano interdita a ação porque ela bloqueia o horizonte e estanca o devir. Marx se situa no pensamento como homem de ação. Ele combate pela democracia, pelo socialismo e pelo comunismo, pelo desenvolvimento da sociedade.[1]

A noção de *práxis* é proposta, a partir do pensamento de Marx, como um pensamento cujo ponto de partida e finalidade é a prática, é o homem social investigado, pensado e projetado em seus problemas e possibilidades reais. Lefebvre defende a ideia de que a *práxis* já está no pensamento de Hegel,[2] no entanto é potencializada pela crítica de Marx (superação) a esse sistema filosófico. Em vista disso, a noção de *práxis* é construída na obra de Marx a partir da crítica à própria Filosofia, que, para ele, até aquele momento (meados do século XIX), colocava-se como um pensamento especulativo, que se postava acima da realidade como um sistema abstrato sem implicações na transformação da sociedade de classes, e era, por isso, um sistema apropriado para a manutenção dessa mesma sociedade de classes. A noção marxista de *práxis* é, então, a tentativa de superação da separação entre o pensamento e a ação, separação essa que se revela, na prática, como um fundamento importante para a reprodução das relações de produção.

Segundo Lefebvre,

> [a] especificidade do marxismo, seu caráter revolucionário (portanto, seu caráter de classe) não vem, pois, de uma tomada de posição materialista, mas de seu caráter *prático*, superando a especulação, portanto, a Filosofia, o materialismo como o idealismo. As interpretações do mundo se encontram no pensamento anterior, notadamente no pensamento (burguês) do século XVIII. Se é verdade que o materialismo foi no conjunto a Filosofia das classes oprimidas e revolucionárias, aí compreendida a burguesia, a função da classe operária é radicalmente nova. Explicitando a *práxis* (a prática da sociedade baseada na indústria, a qual permite tomar consciência da prática humana em geral), ela supera definitivamente e confronta as interpretações anteriores, correspondendo a estágios superados da luta de classes.[3]

Dessa forma, essa noção de *práxis* é a construção de um pensamento que situa o próprio pensamento no movimento do mundo, como produto da história e produtor da história, compreendido como um conhecimento construído a partir da ação, na prática. Nesse sentido, é um conhecimento que se substancia como consciência prática e prática consciente do mundo, da realidade em movimento e não especulação pura sobre os conteúdos da realidade.

A dificuldade, real e prática, do conhecimento na modernidade e, sobretudo, na contemporaneidade, reside no fato de que a prática se torna objeto de estratégias ultrarrefinadas de controle que separam cada vez mais as representações do real vivido. Dessa maneira, a prática concreta se revela como a vivência de abstrações, ou seja, a realidade é vivida como conjunto de alienações. Há uma complexificação da luta de classes, e a classe operária como sujeito histórico da transformação emancipatória se deparou, e ainda se depara, com imensas derrotas em relação ao capital. Trata-se de um movimento de reprodução do modo de produção capitalista que aponta para uma proletarização crescente da sociedade toda no sentido da sua submissão aos processos abstrato-concretos da reprodução econômica. Em outras palavras, a reprodução social capitalista avança sobre o espaço da reprodução da vida, ampliando as contradições para além da relação capital-trabalho. A dificuldade prática (e teórica) que se coloca, então, é a da consciência do cotidiano, da submissão da vida cotidiana (e não somente do momento do trabalho) a uma totalização da reprodução econômica cuja realização nega a realização da sociedade em sua totalidade concreta. Os aparatos institucionais e seu poder ideológico, ligados à necessidade da continuidade da acumulação capitalista, impõem-se poderosamente sobre a vida concreta, mascarando os conteúdos reais da realidade.

Assim sendo, a dificuldade da compreensão da prática está não somente na compreensão de seus conteúdos, mas, ao mesmo tempo, no pensar a realidade fragmentada buscando restituir a totalidade como realização do humano. Desse modo,

> [à] teoria hegeliana do sistema das necessidades, controlado pelo Estado, é preciso substituir uma totalidade: necessidades (conjunto das necessidades), necessidade de totalidade (quer dizer, de realização, de plenitude no exercício de todas as atividades e fruição de todos os desejos). A superação dos limites e das balizas vai em direção a essa realização total.[4]

Perseguiremos a hipótese de que a prática socioespacial (*práxis*), mesmo totalizada/dominada pela reprodução social capitalista, não se fecha, não se reduz à mera reprodução, porquanto ela remete à totalidade da reprodução do humano. O contraditório, o outro, o novo, a produção (do novo) se coloca necessariamente, irredutível, na prática, no espaço da vida. Isto é, a prática se realiza como reprodução (repetitivo) e como o novo (criativo, irredutível à condição humana), o possível no real, no presente/futuro, como contradição. A noção de prática socioespacial se revela também como generalização da realidade, de um modo de vida, uma vez que é o terreno conhecido, compartilhado em sociedade, em seus códigos costumeiros, estáveis, que no entanto se transformam continuamente. Trata-se do vivido que imediatamente aparece como transparência, mas de uma evidência que mascara os fundamentos. Nesse sentido, a prática socioespacial revela as ideologias que são concretamente vividas como o real, mas cujos fundamentos reais estão obscurecidos e precisam ser descobertos, revelados por procedimentos do pensamento. Karel Kosic, em *Dialética do concreto*, defende a ideia de que o conhecimento concreto da realidade é a destruição da pseudoconcreticidade, quer dizer, coloca o conhecimento como uma busca radical dos fundamentos da realidade para além da aparência, com a finalidade da realização do homem em sua totalidade concreta, no seu processo de humanização, sempre em movimento. Segundo o autor,

> [o] mundo real, oculto pela pseudoconcreticidade, apesar de nela se manifestar, não é o mundo das condições reais em oposição às condições irreais, tampouco o mundo da transcendência em oposição à ilusão subjetiva; é o mundo da práxis humana. [...] Ao contrário do mundo da pseudoconcreticidade, o mundo da

> realidade é o mundo da *realização* da verdade, é o mundo em que a verdade não é dada e predestinada, não está pronta e acabada, impressa de forma imutável na consciência humana: é o mundo em que a verdade *devém*. Por esta razão a história humana pode ser o processo da verdade e a história da verdade. A destruição da pseudoconcreticidade significa que a verdade não é nem inatingível, nem alcançável de uma vez para sempre, mas que ela se faz; logo, se desenvolve e se realiza.[5]

O movimento que encaminharemos neste texto nos conduz a relacionar a prática socioespacial com a noção de reprodução das relações de produção. No *Capítulo VI Inédito de O Capital*, Marx já expressava que a reprodução capitalista não cria somente o mais-produto, mas também as condições de sua reprodução, para além da reprodução imediata das coisas. Dessa maneira, a própria vida cotidiana do trabalhador se vê imiscuída nesse processo de reprodução das condições de reprodução do processo do capital, com a generalização de um modo de vida mediado pela necessidade de vender a própria força de trabalho pelo trabalhador e sobreviver para continuar vendendo a sua força de trabalho. A necessidade central, nesse caso, é a da reprodução econômica, que domina e ao mesmo tempo condiciona a reprodução da vida do trabalhador às suas necessidades. As periferias (o espaço) evidenciam a materialização dessa dominação da reprodução econômica sobre a vida concreta do trabalhador. Para Marx,

> [o] operário vendeu a sua força de trabalho, vendeu a disposição da sua capacidade de trabalho, para obter os meios necessários de subsistência, por um valor dado, determinado pelo valor da sua capacidade de trabalho. Qual é pois o resultado, no que lhe toca? Pura e simplesmente a reprodução da sua capacidade de trabalho. Que cedeu em troca com disso? A atividade conservadora de valor, criadora e acrescentadora de valor: o seu trabalho. Em consequência, e pondo de parte o dispêndio da sua força de trabalho, sai do processo tal como entrou, como mera força de trabalho subjetiva que, para se conservar, terá que percorrer de novo o mesmo processo.[6]

Essas condições objetivas da reprodução do modo de produção estão na necessidade do trabalho produtivo para a produção de mais-valia (sujeição do trabalhador ao capital), assim como na criação da necessidade compulsória do indivíduo (reduzido a trabalhador produtivo) de se sujeitar ao processo de produção. Esse processo conforma uma determinada sociedade, uma forma de vida social, uma determinada atividade produtiva, uma *práxis*. Configura, em suma, uma *práxis* problemática, contraditória porque sistematizante de algo que não é completamente sistematizável, que é a própria vida social. No entanto, essa produção e reprodução da sociedade (produção da história humana) se realizam na ininterrupta e irredutível relação sociedade-natureza (incluída aí a própria natureza humana e humanizada) que demanda continuamente a produção de algo novo no interior da reprodução, já que "a possibilidade faz parte do real"[7]. Escreve Lefebvre, ainda, em *La survie du capitalisme*, que "[não há] reprodução de relações sociais sem uma certa produção de relações, nada de processo puramente repetitivo".[8]

Assim, a reprodução do trabalhador é fundamental para a reprodução do "sistema de acumulação",[9] todavia essa reprodução, embora tenha como finalidade a reprodução do capital, medeia a realização da sociedade toda. Como reprodução crítica, que tem problemas na continuidade da acumulação, sempre precisa avançar em novas fronteiras econômicas para continuar se realizando. O espaço e a vida cotidiana são tomados como esferas a serem dominadas, controladas, produzidas estrategicamente para a acumulação. Essa questão aponta para a necessidade de pensar a *práxis*, que é espacial e que cada vez mais se concretiza como espacialidade, como prática socioespacial. A reprodução das relações de produção revela que uma prática é imposta para toda a sociedade como forma de sua realização, que é vivida.

> Quando a prática social (capitalista) entra no período da *reprodução*, esse processo da reprodução das relações sociais se efetuou no seio da sociedade (capitalista) sem outra consciência que o mal-estar, ele também crescente. Nesse momento desapareceram os referenciais que até ali tinham permitido à linguagem se situar socialmente. [...] A partir desse momento, quando a prática social, aquela da reprodução, torna-se "inconsciência", os referenciais entram em colapso, *a perda de* sentido toma um aspecto aterrador. [...] A linguagem, não tendo outro referencial que si, a retórica prevalece sobre a função referencial; entra-se nas metalinguagens, aquelas da publicidade, da política, da divagação".[10]

Existe, portanto, uma tragédia nesse processo, pois o trabalho vivo (possível criador de valor ou também de obras), sendo reduzido a trabalho social genérico (objetivado), é dominado pela tautologia da reprodução do capital. Com isso, a prática socioespacial produzida no capitalismo tem como finalidade objetiva o empobrecimento do homem diante do produto de seu trabalho (conforme o conceito de *estranhamento*); por outro lado, como potência se apresenta o contrário disso, a realização humana que se reconhece em sua obra. A cidade, obra-produto, evidencia dramaticamente e cotidianamente essa tragédia. Quando a tecnocracia, o capitalismo organizado, mediado pelo Estado, toma o espaço todo e produz o espaço, é revelada uma crise social, que é urbana, espacial, prática. No livro *La survie du capitalisme* (A sobrevivência do capitalismo), Lefebvre indica que uma questão prática se impõe: o urbano generalizado como realidade, o que implica pensar na dominação e na apropriação do espaço. O urbanismo se ergue como lógica de controle do espaço (reprodução das relações de produção), uma vez que "[a] prática social do capitalismo implica e contém o saber, a lógica (busca da coerência), uma ideologia da coerência e das contradições na escala global".[11]

É na esfera da prática socioespacial que aparece o fundamento, a reprodução social, com a mediação central da propriedade privada da terra. Para Lefebvre, a reprodução das relações de produção se enraíza na prática, passando por um processo ideológico de naturalização de conteúdos sociais. Para ele, "[a] ideologia mais eficaz, a mais próxima da prática social do capitalismo e consequentemente tão pouco 'ideológica' quanto for possível, foi a ilusão da reprodução natural das relações de produção".[12] Instituições e ideologias dominam a prática e se realizam na prática, sendo fundamentais para a reprodução: a ciência (voltada para a produção), o Estado, as leis, o PIB etc. A reprodução das relações de produção somente se realiza mascarando os conteúdos reais do processo. Ainda segundo Lefebvre, "[os] fatores que permitiram o crescimento das forças produtivas e a manutenção das relações de produção deterioraram a vida social, a consciência e a ação, mascarando o fenômeno central".[13]

A cidade nesse processo da reprodução é vivida como crise, perpassada pela lógica reguladora do mercado, transformada em negócio, mas também vivida, mesmo que residualmente, como uso, como realização do desejo, como direito de uma vida boa com conteúdos abertos, ainda sequer nomeados e nem mesmo descobertos. A potência criadora de obras se coloca no meio da reprodução do espaço e da cidade como negócio, revelando que a prática socioespacial não é somente reprodução repetitiva da exterioridade constrangedora, mas também capacidade criativa, ação, trabalho concreto, que pode apontar para uma prática revolucionária, emancipatória.

Revela-se nesse movimento do pensamento que situa a prática socioespacial no centro das preocupações a necessidade de pensar o mundo para além do nível fenomênico, buscando os fundamentos dos processos sociais. A prática como conteúdo se apresenta instrumentalizada, muitas vezes como contradição à realização da vida concreta. A reprodução social capitalista instrumentaliza o espaço da vida, pois se trata de uma busca pela valorização do capital através da produção e reprodução do espaço. O espaço instrumentalizado pelas estratégias do Estado e do econômico é o espaço da prática socioespacial contraditória à reprodução da vida. O nível da realização da vida, aquele do cotidiano, revela as contradições produzidas pelas necessidades da reprodução econômica.

A potência da noção de prática socioespacial, entretanto, consiste em não se restringir aos sistemas parciais, mas em remeter necessariamente ao movimento da história em sua dialética de reprodução/repetição, mas também criação. A busca principal das pesquisas sobre o espaço é o desvendamento do vivido, ou do modo como é vivida concretamente a realidade. O espaço como produto social e histórico é fundamentalmente o lugar da reprodução da sociedade como um todo. O movimento da realidade é, nesse sentido, fundamentalmente o movimento da reprodução da vida, isto é, o modo como os grupos sociais se realizam efetivamente, produzindo seu espaço. Por conseguinte, é de uma prática socioespacialmente determinada que estamos tratando, de um processo social em movimento que vem da história (mesmo que também sejam observadas rupturas com o tempo histórico) e que aponta para o devir. O espaço, desse modo, não é simplesmente um palco, um apoio para a ação humana, mas produto de uma prática historicamente determinada, bem como, ao mesmo tempo, determinação da prática. Com isso, o pensamento que busca as possibilidades de superação da sociedade de classes é um pensamento sobre a prática socioespacial. É aí que estão situadas as possibilidades da transformação da prática e também, necessariamente, do espaço. A prática (*práxis*) remete à totalidade, à atividade humana produtora da realidade. Assim, a prática socioespacial seria uma maneira de se alcançar a essência dos fenômenos a partir da sua aparência (de sua pseudoconcreticidade, portanto), buscando alcançar os fundamentos do processo social. Essa perspectiva implica situar a produção do conhecimento no interior da prática socioespacial, ou seja, o conhecimento terá de ser necessariamente crítico e ter uma dimensão política, logo, prática, evidente.

A PRÁTICA SOCIOESPACIAL E A GEOGRAFIA

A Geografia, que procura os conteúdos da sociedade a partir de sua dimensão espacial, necessariamente trata da prática socioespacial, embora tenha sido preciso descobri-la. Assim que se descobriu sua condição socioespacial, o espaço do geógrafo passou a ser entendido como prática social materializada no espaço. A noção de produção do espaço permitiu ampliar essa interpretação, visto que o espaço é produto de relações sociais determinadas, mas ele é também indutor de relações sociais novas, produzindo novas formas de usar o mundo sensível, pois também induz a uma prática. Por isso o espaço é estratégico na perspectiva revolucionária (utópica) de mudar a vida, uma vez que se trata de pensar um outro espaço possível, outra prática e outra sociedade que superem os constrangimentos e privações postos no modo de produção capitalista, no sentido de uma prática socioespacial da apropriação concreta das realizações humanas, em que o homem social seja o objeto/sujeito real de todas as preocupações.

A noção de prática socioespacial para a Geografia remete ao modo como o espaço é produzido socialmente e, sobretudo, ao modo como ele é vivido. Ou seja, ela ilumina a questão de que o espaço da vida é produto de relações sociais determinadas e que essas relações sociais se realizam espacialmente. Desse modo, a prática socioespacial busca apreender os conteúdos propriamente sociais da produção do espaço, reunindo nessa noção mais ampla as relações sociais produtoras e o espaço social produzido em seu movimento, em seu uso concreto. O uso, por sua vez, indica que mesmo que a reprodução avance sobre os espaços da vida, nem tudo é dominação, havendo, também, apropriação. Com isso, no interior de um processo dominado pela reprodução econômica que necessariamente expropria o trabalho concreto da sociedade e o espaço da vida, há, contraditoriamente, alguma apropriação, mesmo em uma reprodução precária da vida.

No texto "L'espace du géographe", Hildebert Isnard (1975) chama a atenção para o fato de que a Geografia estuda o espaço da ação humana. Esse espaço expressa uma problemática, pois é resultado de uma prática e é onde concretamente se realiza a prática social. Para Marcelo Lopes de Souza, a noção de prática espacial ligaria o espaço às relações sociais, ressaltando a ideia de que as práticas espaciais são sociais.[14] Ana Fani Alessandri Carlos ressalta em inúmeros textos que o entendimento dos processos espaciais remete para a reflexão sobre o espaço no movimento de reprodução da vida. Essa perspectiva do espaço pensado como produto da ação humana em sociedade foi uma conquista tardia nesse campo do conhecimento. No final do século XX, o espaço passa a ter um tratamento teórico na Geografia que indica o encaminhamento desta para uma preocupação com a prática socioespacial no sentido de um conhecimento que seja ativo na realidade que pretende desvendar, que se implique nos problemas que estuda. Podemos citar alguns exemplos de tentativas que atuam nesse sentido: o grupo da Geografia Ativa, na França (década de 1960), liderado por Pierre George, já apontava a questão de que a pesquisa tem um compromisso com a realidade. Também na França, o lançamento do livro-manifesto datado de 1976, *A Geografia serve antes de mais nada para fazer a Guerra*, de Yves Lacoste, que também participou do movimento da Geografia Ativa, representava a guinada para um pensamento que tem a prática como objeto e se coloca cada vez mais na prática. Trata-se, portanto, de um pensamento que é teórico e político ou, ainda, teórico e prático.

Assim, a aproximação da Geografia com a noção de prática socioespacial se impõe pela própria realidade da segunda metade do século XX, quando o processo de mundialização se acelerava e demandava novas formas de pensar a realidade em transformação. O avanço da realidade da industrialização e da urbanização para todas as partes do globo, bem como a generalização do modo de vida pautado pela lógica da produção de mercadorias (modo de produção capitalista) que caracterizará esse processo de mundialização, definirá a urgência na busca por modos de pensar que enfrentassem os desafios propostos pela realidade. O crescimento urbano desse período resultou em novas formas de dominação e apropriação do espaço, fazendo com que o conhecimento sobre o mundo considerasse cada vez mais o espaço como um objeto teórico. Novas contradições, agora contradições do espaço, colocam-se no horizonte da realidade urbana, pois se trata de pensar a produção do espaço no interior da reprodução das relações de produção, quando os conflitos e contradições se revelam na prática, isto é, são vividos praticamente como problemática do urbano. Nesse sentido, a noção de prática socioespacial expressa a fragmentação do espaço (mercadoria) – problema teórico (cujo desafio reside na reunião dos fragmentos) para as ciências parcelares, que também recortam o espaço. A generalização da lógica da mercadoria e as contradições que ela coloca no nível da vida cotidiana trazem a necessidade de se pensar os processos sociais como práticas socioespaciais.

No contexto desse desafio teórico, a prática socioespacial emerge como uma noção importante, pois possibilita pensar a realidade que se transforma em ritmo acelerado e o espaço sendo estrategicamente manejado, produzido e reproduzido hegemonicamente segundo concepções e normativas estatais e econômicas, a partir de suas implicações concretas, socioespaciais. A propriedade privada da terra como mediação fundamental para o uso do espaço adquire novos sentidos nos processos de valorização do espaço, fazendo com que as contradições do espaço se revelem fortemente como avanço da segregação socioespacial. A contradição se situa no fato de que a cidade passa a ser estrategicamente pensada, produzida e organizada com propósitos específicos, aqueles da valorização do capital, e o acesso a ela passa pela mediação da propriedade e do dinheiro. No entanto, como já salientamos mais de uma vez, a cidade é, ao mesmo tempo, o lugar da reprodução da vida em seu sentido amplo: da família, dos momentos de trabalho, de lazer, da cultura, da civilização etc. Com isso, a contradição se situa no nível da vida cotidiana, nas formas de uso do espaço urbano, na forma como esse espaço é produzido e vivido, enfim, nas suas práticas concretas.

No urbano, deparamo-nos com a técnica moldando a prática, com a cidade produzida para o deslocamento de carro, a sistematização dos espaços-tempos da vida, com o espaço que é crescentemente tomado como objeto de controle, seja do Estado, seja das empresas, seja do crime organizado etc. A operacionalização da vida se substancia na generalização do habitat como degradação do habitar (a cidade). Por essa razão, nas ciências humanas, especialmente na Geografia, não podemos pretender ser estritamente teóricos – o que esterilizaria a teoria – mesmo porque essa pretensão e essa atitude já carregam uma dimensão prática. A perspectiva proposta aqui afirma a necessidade da teoria potencializada por sua implicação na prática, como prática ela própria no sentido da transformação das relações de produção.

> O capitalismo de Estado e o Estado em geral têm necessidade da "cidade" como *centro* (de decisões, mas também de riqueza, de informação, de organização do espaço). Ao mesmo tempo, eles fazem explodir e desaparecer "a cidade" como centro historicamente constituído, como centro político. A centralidade se degrada no espaço que ela engendra, ou seja, nas relações de produção existentes e sua reprodução.[15]

Estamos fazendo o movimento de que, à medida que o espaço se torna um objeto teórico, e que a noção de espaço geográfico (espaço produto de relações sociais determinadas) juntamente com a de produção do espaço ganham importância na Geografia, a prática socioespacial se revela como uma questão incontornável, como uma descoberta que redefine os propósitos da disciplina. É por essa via também, da consideração do espaço como dimensão material da sociedade, que a Geografia se abre para outros campos do conhecimento e começa a refletir sobre seus próprios limites enquanto ciência parcelar. A aproximação necessária com a Filosofia expressa a preocupação com os fundamentos do conhecimento científico e sua necessária ancoragem na realidade concreta. O debate sobre o método como orientação filosófica para os estudos espaciais permitiu (e permite) uma aproximação mais consistente da Geografia com seu próprio objeto, a dimensão espacial da sociedade. Nesse movimento, a noção de *práxis* será fundamental e sua apropriação como prática socioespacial potencializará a produção geográfica, que assume uma postura teórica/prática (e, portanto, política) diante da realidade. Assim, a preocupação crítica com a própria prática se coloca na Geografia, já que a teoria não pode estar descolada da prática, o que quer dizer que a teoria não somente constrói um entendimento sobre a realidade, mas se implica também na prática (é também uma prática) no sentido da superação das contradições em um projeto possível de sociedade. As questões sociais, que podem ser nomeadas como contradições sociais, entram no repertório da Geografia a partir de um debate teórico mediador fundado, sobretudo, no materialismo histórico e dialético, no qual a noção de *práxis* cumpriu um importante papel. Para Ruy Moreira, em texto escrito no final da década de 1970,

> [a] questão da práxis coloca-se, pois, por primeiro. O tema central da ciência, pensa-se, é o do caráter de sua práxis. [...] O suposto é que tudo na Geografia surge da prática espacial, uma relação do homem com a natureza sempre aqui e ali arrumada num termo espacial em vista da sua vida organizada em sociedade. Dessa prática nasce o saber espacial, um conhecimento de caráter ainda empírico, o conhecimento do senso comum, emanado do imediato da ação prática do homem sobre o meio, e que no tempo, com a multiplicação da experiência da prática espacial e o acúmulo, ganha um nível de abstratividade crescente. Vem desse salto de abstratividade e sistematização de escala o pulo que transforma o saber espacial no conhecimento intelectualmente sistematizado da ciência formalizada, nascendo a Geografia como a conhecemos.[16]

Essa perspectiva apontada nesse excerto representou um avanço na Geografia (a partir da década de 1970), pois potencializou a sua capacidade de apreensão das problemáticas que se impunham. Tradicionalmente, ao longo de sua história, a Geografia debruçou-se sobre a relação sociedade-natureza, contudo demorou a descobrir o espaço como objeto teórico. Hildebert Isnard, refletindo sobre o espaço do geógrafo, coloca-se a seguinte questão: "de que espaço se trata?"[17] Essa é uma busca contínua, não acabada, sempre em movimento, que encaminhou o pensamento para o fato de que o espaço é qualificado pelas relações sociais, quer dizer, é o espaço da prática e fruto da prática concreta da sociedade. Esse novo procedimento permitirá à Geografia uma nova forma de interpretação da relação sociedade-natureza, agora pensada a partir da mediação da sociedade como sujeito de sua própria produção, incluído aí o seu próprio espaço. É o espaço manejado, transformado, enfim, produzido pelas ações da sociedade. O espaço, portanto, não é mais entendido como um dado *a priori*, uma superfície na qual os elementos da sociedade estão organizados, mas como o resultado do trabalho da sociedade toda a partir do modo determinado como se dá a reprodução social. Segundo Isnard,

> [p]ara guardar sua credibilidade, a geografia deve se limitar a seu objeto próprio: o manejamento do espaço[18] pelo homem [...] Por manejamento, é preciso entender um aprimoramento do espaço. Todo manejamento supõe uma matéria-prima, uma finalidade, meios de ação.[19]

Esse autor situa o campo de ação do pensamento da Geografia na ação do homem sobre o espaço, que cria a realidade propriamente humana. Nesse sentido, podemos entender que a ação humana, a atividade produtora de obras, qualifica e confere conteúdo prático à realidade propriamente humana. Ele ressalta, ainda, que o geógrafo deve ter o conhecimento das condições naturais sobre as quais o homem atua, de modo que a ação humana se coloca, portanto, no centro das preocupações. Não é nossa intenção buscar uma identidade para a Geografia, reforçando uma epistemologia voltada para dentro da ciência, mas pensar que há uma busca de entender o espaço em seus conteúdos concretos, sociais. Essa busca direciona o pensamento para a investigação dos processos sociais produtores da realidade e, portanto, do espaço.

Outro geógrafo francês que se debruçou sobre a questão, colocando-se o desafio de pensar o espaço da modernidade, foi Pierre George. Em meados do século XX, a realidade urbana transformava-se aceleradamente, evidenciando mudanças qualitativas dos usos do espaço. No livro *Panorama do mundo atual*, escrito na década de 1960, esse geógrafo identificava uma urbanização que se generalizava na escala mundial, produzindo grandes regiões urbanizadas. Para ele, novas problemáticas do âmbito da vida urbana concreta deviam ser consideradas, no sentido de que o crescimento quantitativo da população urbana e seu assentamento, constituindo imensos tecidos urbanos contíguos, produziam questões do âmbito qualitativo, as quais diziam respeito aos conteúdos da vida urbana. Desse modo, o autor já chamava a atenção para o modo como a produção do urbano criava novas práticas a serem descobertas pelo pensamento. Respaldado em muitos dados quantitativos, ele revela que a realidade urbana se generalizava mundialmente e representava um desafio a ser enfrentado pelo pensamento teórico. As contribuições mencionadas acima foram feitas no final do livro, na sua terceira parte, denominada *Tendências e perspectivas*, e sobretudo num item denominado *Aventura urbana*. Pierre George parte do fator quantitativo para explicitar o fato da urbanização na escala do mundo (a transformação de massas de população rural em população urbana), todavia sua argumentação se direciona para as questões qualitativas que o crescimento urbano passa a evidenciar, pensando essa problemática em seu movimento, buscando as "tendências e perspectivas" que ele apontava. O espaço, então, é pensado como problemática, a partir da realidade urbana, num movimento em que essa realidade pode apontar tendências e desvendar a referida "aventura urbana". O que queremos ressaltar é que, com o processo de urbanização, há uma transformação qualitativa na forma de pensar o espaço, que progressivamente será encarado como produto social e histórico. É nesse percurso que podemos situar uma preocupação crescente com a prática socioespacial como reveladora dos conteúdos sociais, ainda mais em um campo do conhecimento como o da Geografia, tão influenciado por e gestado em orientações positivistas e descritivas.

Nesse processo de generalização da urbanização e do modo de vida urbano, verifica-se um empobrecimento da vida social, com o avanço da fragmentação do espaço e com a redução (ou degradação) do habitar ao habitat. Evidencia-se, em suma, a emergência de uma problemática urbana na qual, ao mesmo tempo em que o urbano (que tem como conteúdo a reunião das diferenças, a simultaneidade) se generaliza como modo de vida, a vida urbana é estilhaçada, organizada, planejada, controlada. A construção da problemática urbana aponta no horizonte a realização humana no urbano, como projeto, de modo que é necessário pensar os possíveis no interior da instrumentalização da vida, assim como resgatar o habitar como resíduo e potencializá-lo como perspectiva possível. Quando Heidegger, a partir de ideia do poeta Hölderlin, diz que o homem habita como poeta, ele aponta para o fato de que a prática humana é irredutivelmente criativa. A restituição do habitar como prática socioespacial concreta se revela, assim, como uma utopia para a construção de um projeto de sociedade que supere as fragmentações.

Também a atenção à noção de apropriação pode encaminhar o pensamento para uma prática revolucionária, que questiona a propriedade privada da terra como mediação fundamental para o uso do espaço. Essa hipótese estratégica, ou projeto utópico, só se efetiva se o pensamento encontrar a prática. Isso significa que é necessário um pensamento teórico que parta da prática e ao mesmo tempo situe a prática fragmentária no movimento da realidade, buscando formas de superação. Nesse sentido, a transformação emancipatória é prática e também teórica, consubstanciando-se em uma apropriação concreta do espaço e, ao mesmo tempo, em uma apropriação das representações sociais que são construídas a partir do vivido. Não existem fórmulas exatas e prontas para uma reapropriação do espaço e do tempo, contudo ela deve estar no horizonte como perspectiva do pensamento crítico.

A investigação dos elementos da prática socioespacial pode indicar, no interior das fragmentações, possibilidades reais de superação do repetitivo, dos constrangimentos, das cisões e vislumbrar o novo, aquilo que recoloca o habitar como fundamento e o direito à cidade como horizonte possível na vida urbana. Para tanto, a superação ocorre na esfera da prática e também do conhecimento, no sentido do posicionamento do homem social no centro das preocupações, em que a realização plena da humanidade seja a finalidade do conhecimento. Desse modo, a atividade humana tomada em suas possibilidades carrega o sentido da realização da totalidade concreta e o espaço é a expressão dessa atividade criadora. Ao incorporar a perspectiva crítica que coloca em primeiro plano a prática socioespacial em movimento, a Geografia se reposicionou no debate social, contribuindo para o desvendamento das contradições (do espaço) e para a busca das possibilidades postas no real.

O ESPAÇO URBANO E A PRÁTICA SOCIOESPACIAL

O espaço como objeto de estratégias refinadas da acumulação capitalista é revelado nos processos econômicos e políticos que dominam os lugares da cidade, manejando-os como se fossem lugares vazios de história e de vida social. Os antigos bairros industriais e operários nas grandes cidades industrializadas, por exemplo, tornam-se campos de ação onde os setores econômicos executam suas estratégias espaciais que consolidam essas regiões da cidade como novas fronteiras econômicas no urbano.[20] Essa produção/reprodução do espaço arrasa modos de usar o espaço pela população tradicional desses lugares e impõe novos modos de uso, agora conectados prioritariamente à lógica da acumulação econômica que avança na cidade. Com isso, a prática socioespacial, sempre em transformação, vê-se cada vez mais balizada pelo fato de que o espaço é tomado e produzido como mercadoria e a cidade pensada como negócio ela própria. No entanto, a prática é mais rica que essa sistematização do espaço e da vida urbanos. Se por um lado é evidente que há uma tendência de fechamento da prática nos limites da totalização do econômico e do político, por outro, tal prática pode revelar outros conteúdos da vida urbana, contraditórios à lógica avançada da expropriação necessária à acumulação capitalista nos dias atuais.

Temos, com isso, o sentido da prática ligado ao uso do espaço (no lugar) pelo corpo, como apropriação necessária para a realização da vida. Ao mesmo tempo visualizamos também a prática como a realização (também no espaço, no lugar) de uma sociabilidade (modo de vida) generalizante, geral, da ordem do repetitivo, do mimético, do reprodutivo, cuja finalidade é estranha à realização da vida, embora tenha que realizá-la para se reproduzir. Dialeticamente, portanto, a prática socioespacial reúne essas dimensões contraditórias que se realizam juntas. A perspectiva da totalidade é central para esse entendimento, pois só faz sentido pensar uma prática socioespacial que se generaliza diante de uma totalidade que lhe dê nexo. Nessa medida, através de práticas fragmentárias da sociedade, podemos pensar a totalidade da reprodução social. Dessa forma, a noção de prática socioespacial é um resultado histórico da modernidade, quando efetivamente o processo de reprodução das relações de produção passa a mediar a reprodução social. Para pensarmos em uma prática socioespacial que seja reveladora dos conteúdos da realidade, é necessário que haja uma generalização do modo de vida, uma mundialização dos hábitos e das representações, fazendo com que nos atos cotidianos, da vida de todos os dias, possam ser vislumbrados os elementos da reprodução da sociedade como um todo, no uso concreto do espaço.[21]

É nessa medida que o projeto prático-teórico, conforme já foi apontado, seria, no urbano, a restituição do habitar, que apontaria, por sua vez, o direito à cidade. Segundo Heidegger, o habitar tem um sentido amplo e preciso, concreto, de ser no mundo, "ser sobre a terra".[22] O ato de habitar, desse modo, toma um sentido mais amplo e está ligado ao ato de viver (criativamente). No entanto, na prática fragmentária da cotidianidade, o habitar é reduzido a problemas parciais, como a moradia, mobilidade, alimentação, educação. Diante da totalidade como realização humana em sua plenitude, a dimensão poética indica o espaço-tempo do habitar como obra da realização do homem, como totalidade que supera as fragmentações. Ela remete à recuperação da medida do humano[23] (definido como ser criativo, produtivo em sentido concreto) como finalidade do processo social (e espacial).

A crítica da realidade contemporânea supõe o desvendamento das práticas socioespaciais dos agentes hegemônicos, mas também (e sobretudo, talvez) do entendimento das práticas que revelam os conflitos e as contradições no nível do social e que encaminham o pensamento para a ação. Lefebvre já advertia que sempre há produção no interior da reprodução das relações de produção, portanto, é necessária a atenção aos desvios, às rupturas, ao que nega o repetitivo.

Por sua vez, a literatura permite pensar esses desvios, como no exemplo do personagem Marcovaldo, de Italo Calvino, que nos ajuda a entender a busca pela apropriação no interior da repetição e da privação. Marcovaldo é um carregador em uma empresa e está sempre em busca da natureza na cidade, todavia quase sempre se decepciona, pois se depara com a natureza transformada, poluída e degradada. A sua busca sempre continua e a natureza aí é a metáfora da busca pelo novo, pelo cíclico, como negação ao repetitivo da vida cotidiana. Os seus momentos de fruição na cidade indicam as possibilidades, no interior da reprodução, nas práticas do morador da cidade grande, assim como ajudam a pensar a crítica à vida urbana contemporânea a partir dos resíduos de apropriação.

A noção de prática socioespacial que estamos debatendo aqui procura revelar as transformações pelas quais passam os espaços urbanos. A cidade e seus lugares são, de forma cada vez mais naturalizada, perpassados pelo movimento de uma modernização "inexorável" do espaço e das relações sociais. Tal processo é expresso no arrasamento de formas e conteúdos de outros tempos e no avanço de determinadas formas de uso do espaço, mediadas não mais fundamentalmente pelas necessidades da reprodução da vida dos moradores da cidade, mas pelas necessidades da reprodução econômica que cada vez mais dominam e totalizam a reprodução da vida. Nesse contexto, o bairro perde o sentido e as trocas concretas, cujas finalidades têm a ver com o ato de viver na cidade, tornam-se mediação para a realização da reprodução econômica.

No capítulo "Possibilidade e limites do uso" do livro *Espaço-tempo na metrópole,* Ana Fani Alessandri Carlos constrói a sua análise a partir da noção de prática socioespacial. Uma questão de fundo permeia o seu texto, que procura desvendar as transformações do espaço na metrópole paulistana: como é possível interpretar o espaço em um movimento contínuo e acelerado de transformação? Nessa perspectiva, isso se torna possível através do uso concreto do espaço pelas pessoas, da investigação de como se dá a apropriação do espaço da cidade em transformação. Por isso, o lugar e a vida cotidiana serão fundamentais nessa crítica da produção do espaço, porque é nesse nível da análise que se apreende a vida concreta se transformando no espaço que se transforma, num período histórico em que o espaço entra definitivamente nas estratégias da reprodução social capitalista. O espaço é manejado no sentido da busca pelo lucro, numa cidade entendida e produzida como negócio. O texto da autora busca os conteúdos da transformação de lugares e da vida dos moradores desses lugares que foram atingidos por uma grande operação urbana na década de 1990 em São Paulo, a Operação Urbana Faria Lima. Essa operação urbana consistiu em ampliar a avenida Faria Lima em seus dois extremos, no bairro de Pinheiros, ao norte, e na Vila Olímpia, ao sul. Isso provocou um impacto enorme na vida dos moradores desses bairros, visto que destruiu muitos conjuntos de casas e equipamentos urbanos a fim de ampliar a avenida, em meio a bairros tradicionais de classe média, com vilas de moradores, comércios de bairro, espaços de sociabilidade habituais dos moradores etc. Uma parte da população que teve sua casa destruída foi especialmente impactada, pois teve que recomeçar sua vida em outro lugar do bairro ou em outro lugar da metrópole, mas também mesmo para quem não teve a casa destruída o seu espaço da vida e a própria vida se transformaram rapidamente. Ana Fani Alessandri Carlos mostra que a vida cotidiana se fragmente ainda mais quando são impostos novos usos ao espaço-tempo da vida dos moradores, que se torna menos qualitativo do ponto de vista das relações sociais concretas, porque com menos imediaticidade dos encontros com os vizinhos e os comerciantes do bairro e com diminuição compulsória do uso do espaço pelo corpo, o que traz maiores dificuldades para caminhadas pelo bairro. Nesse movimento de transformação dos lugares, os espaços habituais de sociabilidade tendem a desaparecer, muitos vizinhos se mudam ou se trancam cada vez mais em suas casas. Novas mediações se impõem na vida das pessoas, que não podem mais fazer suas compras no mercadinho próximo, já que ele não existe mais, e agora têm que ir de carro ao supermercado, usando menos a rua como percurso qualitativo dos momentos da vida e cada vez mais como passagem dentro do carro. O espaço que era repleto de referências familiares vai se tornando estranho ao morador, vai se tornando outro lugar, com novas funções, novas morfologias, novos conteúdos.

Um dos lugares estudados por Ana Fani Alessandri Carlos, a Vila Olímpia, que era um bairro industrial/residencial da Zona Sul de São Paulo, passou por um processo avassalador de transformação, na direção de se tornar um lugar de serviços modernos (extensão do eixo de valorização sudoeste, com a concentração dos serviços de gestão modernos). Essa é a expressão do movimento geral de reprodução da metrópole como um todo incorporando os lugares, perpassando esses lugares. A autora demonstra que, tendencialmente, o espaço de toda a metrópole entra como possibilidade estratégica para a reprodução social capitalista através da produção do espaço, sendo que alguns lugares (centralidades) são mais estratégicos que outros.[24] Nas regiões mais centrais do tecido urbano consolidado, como a Vila Olímpia e Pinheiros, estudadas pela autora, é como se lugares que tinham um certo funcionamento próprio, com suas especificidades, suas referências, fossem *desparticularizados*, fossem esvaziados de seus conteúdos específicos fundamentais e importantes sobretudo para a população dos lugares e agora estão reduzidos, cada vez mais, a localizações privilegiadas no contexto da metrópole para investimentos e para a instalação dos serviços de gestão modernos, que se concentram nessas regiões. A transformação do morador, que está ali há muito tempo e que tem uma identidade profunda com o lugar, em mero proprietário de uma casa em um terreno nesse lugar mostra bem esse movimento de abstração do lugar para o morador. A vida vai se desligando do espaço-tempo do lugar e se ligando ao espaço-tempo da metrópole como um todo. Em síntese, é a prática socioespacial que se transforma.

É preciso ressaltar, nessa perspectiva, a importância da noção de cotidiano, que não tem simplesmente o sentido de dia a dia, de rotina, de repetição dos momentos da vida, mas é também a ligação do indivíduo com o momento histórico vivido pela sociedade como organização do espaço-tempo da vida pelas estratégias hegemônicas da reprodução social capitalista. A noção de cotidiano (articulada à de lugar) articula o indivíduo ao mundo (o local e o mundial) nos diversos espaços-tempos da sua vida. Trata-se de uma generalização compulsória do modo de vida, com espacialidades e temporalidades que se impõem aos espaços-tempos habituais dos lugares, criando descompassos entre o "novo" e o "velho", criando conflitos, constituindo novas perspectivas de uso do espaço. Os níveis do cotidiano e do lugar são fundamentais para a análise crítica porque eles revelam os conteúdos em ato, nos espaços e nos momentos concretos da vida, mostrando tanto as privações, as interdições ao uso (as segregações), quanto as possibilidades da vida na cidade, mesmo naqueles lugares que estão sendo destruídos. No estudo de Ana Fani Alessandri Carlos, mencionado anteriormente, a autora mostra que no processo de destruição dos bairros surgiu um movimento social, por meio do qual as pessoas se reconheciam através da identidade com os bairros, com seus espaços da vida que eram naquele momento manejados estrategicamente pelo Estado e pelos agentes econômicos. Nesse movimento, os moradores conhecem mais a cidade, reconhecem-se como cidadãos lutando pela vida na cidade, e fazem a crítica da política representativa exercendo uma política concreta, com sua participação direta. Esses moradores em luta escancaram as contradições da produção da cidade hoje, produzida como negócio, que passa por cima da vida concreta das pessoas, esmagando a memória, destruindo referências importantes. Tudo isso para a realização de interesses muito específicos, que são os dos agentes hegemônicos da produção do espaço e que através da articulação do setor privado com o Estado faz aparecer, ideologicamente, como se essas transformações fossem de interesse de toda a sociedade. Mesmo que o movimento social nesse caso da Operação Urbana Faria Lima não tenha conseguido deter o avanço da cidade pensada e produzida como negócio, ele indica a questão de que a realidade não se realiza de maneira linear, nem de maneira fechada, mas que novas perspectivas da cidade como lugar da vida podem aflorar em meio ao processo de destituição por que passam parcelas da população. Evidencia, também, que a luta pela cidadania hoje é cada vez mais uma luta pelo espaço da reprodução da vida e demanda uma prática socioespacial revolucionária no nível do cotidiano.

Nesse sentido, a noção de prática valoriza a dimensão do uso, iluminando o modo como as determinações mais gerais da sociedade se realizam concretamente na vida social. Desse modo, a transformação da prática socioespacial se torna uma necessidade concreta que se coloca no horizonte. Para Lefebvre,

> [é] então a *práxis* revolucionária que introduz a inteligibilidade concreta (dialética) nas relações sociais. Ela restaura a coincidência entre as representações e a realidade, entre as instituições (superestruturas) e as forças produtivas (a base), entre formas e conteúdos. Nós reencontramos aqui a ideia fundamental da *superação*.[25]

Assim, nessa perspectiva, a noção de prática socioespacial (*práxis*) se distancia de qualquer dogmatismo, uma vez que o pensamento também é ação, é prática teórica que visualiza um projeto de sociedade, não um modelo. Dessa maneira, tanto a realidade quanto o pensamento estão sempre em movimento, nunca fechados, mas em constante processo de superação.

Notas

1 Lefebvre, 1974, p. 25. Tradução do autor, bem como as demais citações de textos em francês.
2 Isto é, conforme Lefebvre, "no sistema filosófico-político de Hegel" (Idem, p. 25).
3 Idem, p. 28.
4 Idem, p. 37.
5 Kosic, 2002, p. 23.
6 Marx, s/d, pp. 133-4.
7 Lefebvre, 2002, p. 7.
8 Idem, p. 6.
9 Aspeamos esse termo "sistemas de acumulação" a fim de ressaltar que ele não pode ser tomado como um sistema fechado, acabado, mas como algo contraditório e crítico.
10 Lefebvre, op. cit., p. 16.
11 Idem.
12 Idem, p. 24.
13 Idem, p. 18.
14 Souza, 2013.
15 Lefebvre, 2002, p. 12.
16 Moreira, 2012, pp. 17-8.

[17] Isnard, 1975, p. 174.

[18] Traduzimos o termo "*aménagement de l'espace*", na forma talvez mais literal possível, por "manejamento do espaço", pois pensamos que recupera o sentido da atividade humana transformadora do espaço, que imaginamos o autor do texto queria expressar e o qual queremos recuperar aqui.

[19] Isnard, op. cit., p. 175.

[20] Trabalhamos essa questão em nossa dissertação de mestrado (2007) e, posteriormente, em nossa tese de doutorado (2012). Cf. R. F. de. Padua, *Implicações socioespaciais da desindustrialização e da reestruturação do espaço em um fragmento da metrópole de São Paulo*. São Paulo, 2007, Dissertação (Mestrado em Geografia Humana) – FFLCH, USP; e em R. F. de Padua, *Produção e consumo do lugar: espaços de desindustrialização na reprodução da metrópole*. São Paulo, 2012, Tese (Doutorado em Geografia Humana) – FFLCH, USP.

[21] Lefevbre, 1955.

[22] Heidegger, 1958, p. 74.

[23] Idem, p. 235.

[24] Corroborando essa ideia, mesmo a periferia distante hoje é objeto de capitalização para os negócios urbanos. Cf. Volochko, D. "A moradia como negócio e a valorização do espaço urbano metropolitano", em A. F. A. Carlos, D. Volochko e I. A. P. Alvarez (Orgs.), *A cidade como negócio,* São Paulo, Contexto, 2015.

[25] Lefebvre, 1974, p. 48.

Bibliografia

Calvino, I. *Marcovaldo ou As estações na cidade*. 2. ed. São Paulo: Companhia das Letras, 2015.

Carlos, A. F. A. Possibilidades e limites do uso. In: *Espaço-tempo na metrópole*: a fragmentação da vida cotidiana. São Paulo: Contexto, 2001.

George, P. *Panorama do mundo atual*. São Paulo: Difusão Europeia do Livro, 1966.

Heidegger, M. *Essais et conférences*. Paris: Gallimard, 1958.

Isnard, H. "L'espace du geografe". *Annales de Géographie*. v. 84, n. 462, 1975.

Kosic, K. *Dialética do concreto*. 7. ed. São Paulo: Paz e Terra, 2002.

Lefevbre, H. "La notion de totalité dans les sciences sociales". *Cahiers Internationaux de Sociologie*. Nouvelle série, v. 18, jan./jun. 1955.

_____. *La survie du capitalisme*: la reproduction des rapports de production. 3. ed. Paris: Anthropos, 2002.

_____. "La praxis". In: *La sociologie de Marx*. Paris: PUF, 1974.

Marx, K. *Capítulo VI inédito de O Capital*: os resultados do processo de produção imediata. São Paulo: Moraes, s/d.

Moreira, R. *Geografia e práxis*: a presença do espaço na teoria e na prática geográficas. São Paulo: Contexto, 2012.

Souza, M. L. de. *Os conceitos fundamentais da pesquisa socioespacial*. Rio de Janeiro: Bertrand Brasil, 2013.

A PRÁTICA SOCIOESPACIAL DA RESISTÊNCIA

Fabiana Valdoski Ribeiro

Na contemporaneidade, um dos desafios prementes consiste em compreender as resistências (ou a aparente ausência delas) diante da magnitude das estratégias de expropriação no avanço do capitalismo.[1] Notadamente, a partir dos anos 80 do século XX, uma nova racionalidade, que já estava sendo gestada em décadas anteriores, toma forma e se impõe sobre a sociedade – o neoliberalismo. Segundo Laval e Dardot, esse período é marcado pela lógica da concorrência em toda extensão da sociedade, o que resultou em "um novo sistema de normas que se apodera das atividades laborais, dos comportamentos, inclusive das mentes".[2] Para Lefebvre,[3] a segunda metade do século XX já impunha radicais transformações não apenas no mundo da fábrica, mas a lógica linear e produtiva desde então insistia em se estabelecer como dominante a toda sociedade. A consequência dessa recente realidade é o estabelecimento sistemático de um processo de perdas de direitos, de modos de vida (espaço-tempo do uso), de relações de vizinhança etc., diante de uma notável geração de riquezas. Esse movimento tendencial de tomada da sociedade pela lógica privatista sinaliza que as estratégias de acumulação de capital – cuja base é a contínua expropriação do trabalho e da riqueza – tendem a dominar também o espaço, o que revela o papel estratégico de sua produção, seja para garantir o ciclo rentável do capital, seja para afrontar, política e socialmente, as barreiras contidas internamente nesse processo.

Assim, a produção do espaço, na hipótese do projeto da *Metageografia*[4] é compreendida como uma produção que ganha centralidade neste momento da história. Sendo objeto e objetivo das estratégias de acumulação capitalista, ela aprofunda as desigualdades e as segregações, ao produzir morfologias espaciais que revelam os extremos da expropriação no século XXI. Nesse sentido, discursos espaciais, normas e códigos impostos sobre o espaço e, até mesmo, uma ciência do espaço são práticas que escamoteiam o seu papel dentro dos mecanismos de valorização e de reprodução das relações de produção. Por isso, a resistência, considerada uma prática socioespacial, torna-se obrigatória, por ser uma prática que, no plano teórico, contesta e ao mesmo tempo impulsiona a produzir uma reflexão que supere o pensamento único. No plano do real, por sua vez, é a prática que sustenta os irredutíveis do ser humano diante da reiterada despossessão da riqueza produzida socialmente.

Sustentado pelos marcos teóricos-metodológicos da *Metageografia*, o objetivo deste capítulo é refletir sobre a relação entre a prática socioespacial da resistência e a produção do espaço como via possível de compreensão das contradições espaciais, contribuindo, dessa maneira, para alcançar as formas e os conteúdos das contradições geradas pelo capitalismo. No revelar das contradições espaciais, consideramos possível nos deparar com as brechas que contestam o hegemônico, isto é, com o não dominado, que se encontra no subterrâneo. Talvez possamos, no processo, descobrir as práticas nas quais seja possível "apostar" em direção à superação da condição de crise social em que vivemos. Trata-se, sobretudo, de uma proposta orientada pelo pensamento-ação,[5] que considera, atualmente, a luta pelo espaço como um eixo central na construção de uma nova *práxis* edificada na apropriação coletiva dos bens comuns.

Através dessa ótica, o percurso de exposição se desenvolve argumentando como a resistência se torna prática obrigatória; quais são suas escalas e, finalmente, como ela pode revelar as contradições espaciais. A compreensão desse processo nos abre perspectivas de refletir e contribuir com um projeto teórico e prático que questione e supere as condições de domínio e subordinação.

A *RESISTÊNCIA* COMO PRÁTICA OBRIGATÓRIA NO MUNDO CONTEMPORÂNEO

Ao longo da história, a sociedade produziu espaços com as qualidades advindas das relações sociais existentes, construindo formas e modos de consciência sobre suas obras e produções. Em vista disso, a produção do espaço é considerada

> [...] imanente à produção social no contexto de constituição da civilização. O ato de produzir é o ato de produzir espaço – isto é, a produção do espaço faz parte da produção das condições materiais objetivas da produção da história humana. Portanto, o espaço como momento da produção social encontra seu fundamento na construção/constituição da sociedade ao longo do processo histórico como constitutivo da humanidade do homem.[6]

No percurso de ampliação da hegemonia do capitalismo, as qualidades das relações sociais, políticas e econômicas se modificam produzindo espaços marcados pela contínua expropriação dos meios de produção e, desse modo, reduzindo o indivíduo a mera mão de obra, quantificando-o pelo rendimento que pode acrescentar às coisas que produz, assim como com base no que ele consome. Amparadas por condições jurídicas e abstratas, valendo-se de violências físicas e simbólicas, as relações de propriedade iam se consolidando, ao mesmo tempo que as condições de vida dos trabalhadores se deterioravam. As estratégias de domínio do espaço necessárias à acumulação continuavam (e continuam) a agir no sentido de fazer recuar a apropriação, interditando o uso da riqueza à maioria daqueles que a produzem. No século XXI, a privatização impulsiona com imensa força a apropriação privada da riqueza gerada socialmente, subjugando espaços-tempos ligados a lógicas improdutivas. Com efeito, são muitos os camponeses, os moradores de cidades e de metrópoles, os ribeirinhos ou os caiçaras que são continuamente expulsos dos seus lugares de origem e lançados a uma constante mobilidade e instabilidade, o que desestrutura modos de vida que usam o espaço para a reprodução da vida. É nessa medida que a morfologia espacial revela não somente a concentração da riqueza e da pobreza, como também sinaliza a mudança radical da finalidade da produção do espaço, ou seja, o espaço torna-se objeto e instrumento da acumulação do capital, apenas mais uma mercadoria a ser vendida e comprada. Nessa perspectiva, Lefebvre apresenta a tríade dialética da produção do espaço da modernidade: homogeneidade, fragmentação e hierarquização. Segundo o autor, o espaço

> [...] tende para o homogêneo por diversas razões: fabricação de elementos e materiais – exigências análogas dos intervenientes – métodos de gestão e de controle, de vigilância e de comunicação. Homogeneidade, mas não no plano, nem de projetos. De falsos 'conjuntos' de fato isolador. Pois paradoxalmente (ainda) esse espaço homogêneo se fragmenta: lotes, parcelas. Em pedaços! O que produz guetos, isolados, grupos pavilhonares e pseudoconjuntos mal ligados aos arredores e aos centros. Com uma hierarquização estrita: espaços residenciais, espaços comerciais, espaços de lazer, espaços para os marginais etc. Reina uma curiosa lógica desse espaço, que se vincula ilusoriamente à informatização. E que oculta, sob sua homogeneidade, as relações 'reais' e os conflitos.[7]

Situado no período de transição do mundo industrial para o financeiro, o capitalismo arrasta suas contradições e, simultaneamente, alcança novos horizontes para superar as barreiras criadas. É nesse contexto que a produção do espaço se torna central à acumulação e, assim, as determinações do mundo da mercadoria invadem não somente a sociabilidade construída no entorno da fábrica, mas também alcançam a vida cotidiana integrando, continuamente, espaços antes não produtivos. Na integração dos espaços, a homogeneização, a fragmentação e a hierarquização se realizam e se aprofundam. A propriedade privada prolifera, a estratificação da sociedade feita com base nos objetos de consumo e no lugar onde se mora constitui um estilo de vida que intensifica a fragmentação. A reprodução das relações de produção também se destaca e novas e refinadas maneiras de dominação se alastram. Da mesma forma, o cotidiano programado é instaurado.[8] As novas centralidades reúnem os elementos com potencial de inserção de valor e repelem aquilo que impede esse incremento. Segundo Harvey,

> [os] resultados desta crescente polarização na distribuição da riqueza e do poder estão indelevelmente gravados nas formas espaciais de nossas cidades, nas quais vão condensando progressivamente fragmentos fortificados, comunidades cercadas e espaços públicos privatizados sob uma vigilância constante. A proteção neoliberal dos direitos de propriedade privada e seus valores se convertem em uma forma hegemônica de política, inclusive para a classe média baixa.[9]

A expropriação extrema se instala e a desigualdade se amplia, de modo que, apesar de alcançar um patamar elevado de produção material, as condições precárias de moradia aumentam, as áreas de cultivo dos camponeses se reduzem, os postos de trabalho desaparecem, e as comunidades tradicionais são forçadas a "integrar-se" em um reiterado processo de desintegração. Por outro lado, instalamo-nos em um permanente mal-estar pautado na repetição de gestos, e de ações, na imposição de normas e códigos externos e, sobretudo, na concorrência como modo de vida, particularmente acentuada na era neoliberal. A expropriação extrema atinge o limite do corpo físico, da sobrevivência, bem como o da produção do humano, e o ato imanente do humano de produzir espaço se determina, então, por múltiplos interditos e coerções.

No entanto, essa tendência à precariedade (física, material, social) não se realiza sem conflitos. Para continuar como habitante, o indivíduo torna a resistência uma dimensão obrigatória do ato de viver e, portanto, transforma-a em prática socioespacial. Como ressaltado por Lefebvre, a prática "[...] se vive antes de se conceber",[10] sendo um momento de emprego do tempo e de uso dos lugares. Dessa maneira, a prática da resistência restitui, momentaneamente, a apropriação, no ato de empregar espaços-tempos de uso improdutivo e de afrontar, com frequência, normas, códigos de interditos legitimados pela propriedade privada. Como prática socioespacial, e na escala do corpo, ela está associada ao substrato sensorial, aos gestos, à percepção que se tem do mundo exterior, isto é, ao espaço percebido. A expropriação chegando ao limite do corpo, da sobrevivência em seu sentido estrito, seja através da usurpação de meios de vida materiais, seja através da subtração do lúdico e do tempo lento e cíclico, transforma esta relação com o mundo exterior em algo insuportável, e a resistência emerge como sobrevivência. A resistência, atravessada pelas representações do espaço – as quais imprimem as ambiguidades e os conformismos –, confronta o concebido como ato prático e questiona as projeções sobre o espaço dadas pelas instituições, pelos tecnocratas, pelos agentes que o vendem, pela ordem e pelos códigos que impedem o uso dele. A tensão criada sustenta os espaços de representação – o espaço do vivido, que contém a gramática dos dominados, ou seja, os discursos ocultos –[11] reelaborando valores e, até mesmo, gerando o estranhamento diante do próprio produto do trabalho: os símbolos no e do espaço vivido.

Assim, pular a catraca de ônibus ou trens de modo a não pagar a tarifa, reunir grupos de amigos em praças ou parques em que se proíbem práticas esportivas e de lazer, cruzar o semáforo fechado para o pedestre após muitos minutos esperando a passagem de carros em ruas e avenidas, ocupar edifícios vazios (muitas vezes pertencentes a bancos) por não se ter onde viver, ocupar terras improdutivas e iniciar uma plantação, pintar um mural e transmitir mensagens visuais em lugares "proibidos", participar de atos de fechamento de ruas, protestos em pontos principais das cidades ou rodovias, dormir em bancos de praças, entre muitas outras formas da prática da resistência, são atos que colocam em questão (ou pelo menos em evidência) as estratégias de dominação do espaço. Por outro lado, revelam que a resistência, presente nos momentos de lazer, de trabalho ou da vida privada, possui grande plasticidade, em decorrência da formação histórica e social de cada lugar, região ou país, ainda que muitas das estratégias de dominação atuais sejam provenientes de uma realidade mundializada e homogeneizante. Podemos considerar, portanto, que se as estratégias de acumulação estão voltadas a uma tendência específica de produção homogeneizante, as práticas relacionadas à resistência surgem em uma diversidade de formas.

A condição de obrigatoriedade da resistência na contemporaneidade já revela que vivemos uma contínua luta pelo espaço, pois retomar aquilo que nos foi expropriado significa ocupar e se apropriar dos produtos do trabalho realizado socialmente, bem como construir uma renovada forma de produção e gestão. Em outras palavras, ao considerarmos que a produção espacial é condição, meio e produto da reprodução social,[12] esses produtos são formas espaciais que vão desde a casa até a cidade e são lugares onde nos realizamos como humanos na reprodução da vida.

ESCALAS

A plasticidade da resistência, além de manifestar que a luta é pelo espaço, dá a conhecer, primordialmente, a existência de escalas que estão imbricadas e relacionadas umas às outras. A cada escala em que se efetiva a prática da resistência, abrem-se as possibilidades de entender as diferentes facetas das contradições espaciais, descortinando e esmiuçando discursos, ideologias e estigmatizações. Elas nos brindam, igualmente, com a compreensão sobre os momentos, ainda que efêmeros, de superação das fragmentações, pois a resistência exige, na maioria dos casos, o encontro com o outro, seja para conquistar o anonimato necessário ao ato em meio à aglomeração de pessoas, seja para conhecer e se reconhecer na experiência do outro.

Na prática socioespacial da resistência, consideramos que há uma escala privilegiada da ação e da análise: o lugar e a vida cotidiana. Se, por um lado, em um período em que a centralidade da produção de um espaço controlado torna-se peça importante na engrenagem da manutenção das relações de produção, e, por outro, a lógica linear e abstrata translada-se para toda a sociedade como tendência da reprodução social e de realização da mercadoria, então o lugar e a vida cotidiana são os alvos primordiais para alavancar com maior êxito uma racionalidade que sirva à superação das barreiras ao capital. O lugar é o alicerce real e material de emprego do tempo, onde a vida se desenrola e onde se constroem as identidades, os laços de confiança, de reconhecimento e de pertencimento. É no lugar que tecemos um estreito vínculo com a família, com os vizinhos e é a partir dele que nos referenciamos em um entorno mais amplo. Contudo, o lugar tem um sentido e um conteúdo que advêm dessas relações próximas, mas também de uma reprodução mais ampla do espaço, como na relação entre os lugares e a reprodução da totalidade do espaço urbano que lhe atribuem um conteúdo de acordo com centralidades e estratégias institucionais de uma ordem distante.

Hoje o lugar parece, tendencialmente, ser reduzido a fragmentos, justamente pelos mecanismos de organização de uma vida cotidiana voltada para o consumo do espaço, conforme observado por Lefebvre, ao afirmar que "[...] é sobre o plano inferior, sobre a larga base da cotidianidade que repousa o edifício piramidal da sociedade dita moderna".[13] Condomínios fechados, estratificados de acordo com a capacidade de renda que o indivíduo ou a família possui; shopping centers igualmente direcionados a públicos diferenciados; bairros que oferecem determinados serviços; parques chamados de "semipúblicos"; manuais de como se comportar em determinados ambientes públicos dispostos em placas, códigos etc. são todos marcas espaciais que transformam os lugares em signos de aparência e vão dissolvendo a espontaneidade do viver em comum. São, em suma, espaços concebidos que procuram controlar os espaços vividos. Além disso, enquadram os moradores de acordo com o lugar onde habitam e por onde transitam. Nas palavras de Milton Santos, "[c]ada homem vale pelo lugar onde está: o seu valor como produtor, consumidor, cidadão depende de sua localização no território".[14]

No entanto, o lugar não se dissolve, já que, mesmo precariamente, é preciso de laços sociais que sustentem uma determinada coesão para realização da vida. Claro está que as relações que o produzem estão em um processo de profunda fragmentação, uma vez que a vida é compartimentada em uma organização do tempo a ser empregado seja para a produção, seja para o consumo. Entretanto, é daí que emergem os conflitos entre as estratégias de reprodução da vida e os paradigmas impostos por estratégias de âmbito global.

Na escala da vida cotidiana e do lugar, a resistência se realiza como "lei do ser, imanente a um sujeito, [...] não como consequência de uma ideia, mas como sua fonte".[15] Muitas vezes, as práticas de resistência não são visíveis, como próprio do jogo de poder entre os subordinados – vivendo um constante processo de opressão e exploração – e aqueles que impõem as estratégias de dominação. No entanto, essa prática está invisibilizada não apenas por processos hegemônicos, mas também pela ação daqueles que são expropriados. Como demonstra Scott,[16] quanto maior a dominação, mais grossa é a máscara dos dominados. Consequentemente, nessa escala são tecidas as redes de sociabilidade que sustentam a resistência em outras escalas, principalmente naquelas ligadas ao anonimato. Ainda segundo o autor, tais redes se formam num espaço social, que podemos definir como micro, onde, muitas vezes, é impenetrável a interferência direta da ordem distante e, com isso, elas garantem os laços de confiança, os pactos, ou o que ele denomina de discurso oculto.[17] Scott explica, ainda, que

> [o]s espaços sociais do discurso oculto são aqueles lugares onde já não é necessário calar-se as réplicas, reprimir a cólera, morder a língua e onde, fora das relações de dominação, se pode falar com veemência, com todas as palavras.[18]

Internamente a esse discurso oculto estão os conflitos gerados por um processo profundo de alienação, que a cada dia se torna mais refinado, ora pela insistente organização da vida cotidiana para o mundo do consumo, ora pela agudização da despossessão. Mesmo assim, ainda que imersos nessas ambiguidades, a necessidade de garantir o fato e o ato de ser habitante de algum lugar significa, para os indivíduos, resistir. Por exemplo, as insistentes categorizações dos habitantes de acordo com o lugar onde moram – as estigmatizações de bairros – geram práticas de resistência entre familiares ou amigos próximos, tais como as de conceder contas de energia elétrica, ou outro instrumento de comprovação de residência de bairros considerados "menos" estigmatizados, para serem aprovados em entrevistas de trabalho ou a fim de garantir acesso a determinados postos de saúde ou escolas etc.

Por essa perspectiva, consideramos que o lugar e a vida cotidiana são onde se assentam os fundamentos de uma resistência mais ampla e onde se constroem as possibilidades de politização dessas próprias práticas em outras escalas. Por esse motivo eles são objetos tão atraentes para a manutenção das relações de produção e de colonização da racionalidade da concorrência e do consumo, quer dizer, das estratégias da ordem distante. Como formulado por Scott, "[s]omente especificando como se elaboram e se defendem esses espaços será possível passar do sujeito rebelde individual – uma construção abstrata – para a socialização das práticas e discursos de resistência".[19] Tal socialização constrói-se sobre a base do encontro, na produção de novos espaços com um conteúdo que extrapola o lugar, ampliando uma nova prática espacial entre aqueles que padecem das injustiças.

Bensaid, ao interpretar as ideias de Françoise Proust, resume que a resistência surge de uma situação insuportável em que a dignidade é posta em jogo.[20] Mais do que isso, o autor expõe a necessidade de sair do estado de indignação para o de revolta ativa. Ao transformar reação em ação, o indignado de vítima passa a sujeito da luta, inventando respostas e encontrando saídas. Dessa maneira, aquela prática de resistência primeira, forjada no âmbito do lugar e da vida cotidiana, estende-se para uma escala mais ampla na qual o encontro com o outro, que padece de situações de expropriação semelhantes, é fundamental para o reconhecimento, bem como para a construção de estratégias de resistência. A qualidade da prática socioespacial da resistência se transforma e se constitui em espaços políticos por excelência, o que movimenta a consciência sobre a expropriação e sobre a desigualdade.

Salientamos que tal processo não é linear e tampouco evolucionista, visto que apresenta rupturas e continuidades. Há influências mútuas interescalares que modificam estratégias, condutas, projetos, padrões etc. Em resumo, as relações mais abstratas estão em constante tensão com aquelas mais imediatas e concretas. No espaço urbano, aqui visto como escala intermediária, o morador sai do lugar onde é vivenciada a expropriação e se move pela cidade para encontrar o seu semelhante, aquele que habita outros lugares, mas que vive processos análogos. Esse trajeto, distinto do "casa-trabalho", já o faz conhecer novos lugares, outros bairros, diferentes modos de acesso e mobilidade. Neste nível misto (ou intermediário), se adotamos a perspectiva de Lefebvre, é onde se desenrola a prática da resistência como projeto político, onde o encontro é um convite ao reconhecimento e à construção de identidade entre pessoas próximas, mas que também possuem diferenças. A resistência, cujo estado inicial era apenas de reação, adquire novos conteúdos e é gestada a ação do sujeito no espaço-tempo do encontro.

O encontro, em uma vida cotidiana repetitiva e controlada, nessa escala intermediária, pode ser considerado como o descontínuo na trama do vivido, um espaço-tempo improdutivo, um momento da prática socioespacial da resistência. Lefebvre,[21] ao apresentar a teoria dos momentos, justamente tinha como objetivo evidenciar este descontínuo dentro do repetitivo, pois nele poderia surgir o estopim de um projeto, de um acontecimento. Nessa mesma ótica já desenvolvemos em outra oportunidade a ideia de espaço de conflito,[22] que é uma tentativa de lançar luz sobre momentos da prática da resistência em que o encontro é visto como um espaço-tempo ligado a um conteúdo social dado pelas multirrelações geradas em um processo de conflito entre os vários sujeitos que estão imersos na luta pelo espaço. Trata-se do espaço-tempo qualificado pelo conteúdo da resistência, pelo encontro de pessoas que se identificam pela especificidade da luta pelo espaço embora apresentem muitas diferenças, que vão desde o grau de consciência até o grau de acesso à riqueza. É um momento por excelência de construção de identidade que reúne as bases advindas das experiências de resistências do lugar e da vida cotidiana e que pode, efetivamente, produzir objetos capazes de revelar o novo que aparece, bem como reforçar a subjetividade construída em torno de um projeto, mesmo com todo o peso dos conformismos e das repressões.

As relações que vão sendo tecidas no bojo dos espaços de conflitos podem se articular com práticas de resistência que extrapolam o nível intermediário e alcançam a escala mundial, para que possam fortalecer as redes de reconhecimento e de apoio ao projeto que está em construção. Um exemplo que podemos mencionar são as campanhas internacionais de apoio a grupos reprimidos, mesmo antes da existência da internet e, atualmente, intensificadas com o auxílio deste recurso. Do ponto de vista da luta urbana, os diversos grupos expropriados (ou em via de o serem) vão denunciando as estratégias mundiais de expropriação conduzidas pelo setor imobiliário, de turismo etc., bem como as ações do Estado que legitimam intervenções em lugares das cidades favorecendo a lógica da acumulação. Acima de tudo, compartilham as práticas de resistência que se desenvolvem dentro de uma estratégia de sobrevivência de um grupo ampliando ações e transformando o ato da resistência em um momento constante de recriação e aprendizagem. Toda essa ação de diálogo numa escala mundial entre os grupos de resistência possibilita a apropriação de ideias, de formas e do próprio espaço interditado, sendo ele público ou privado, movimentando, enfim, a consciência sobre a expropriação. Podem construir um contradiscurso sobre o poder, sobre a cidade, sobre o bairro, sobre a estigmatização e essa produção é compartilhada nas redes de solidariedade em escala mundial. Assim, há o entrelaçamento de escalas em que se realizam as práticas de resistência que vão constituindo um conjunto de experiências, com muitos encontros e desencontros, promovendo saltos de qualidade e produzindo relações espaciais que contêm as "ferramentas" do indignado para questionar as injustiças.

Nessa relação interescalar, em que há implicações simultâneas, continuidades, rupturas, recuos e avanços, a plasticidade das práticas de resistência aparece objetivamente em uma produção material, produção de formas, já que a prática socioespacial deixa seu rastro espacial. A resistência, por sua vez, vai produzir espaço, revelando a gramática da luta pelo espaço, que se evidencia pelos cartazes de reivindicações e manifestações, história escrita por meio de documentos, artes em suas variadas formas (música, dança, teatro, cinema, artes plásticas...) até pela produção de casas, ruas e bairros. A subjetividade transparece e está em um contínuo processo de transformação, e a consciência sobre os mecanismos de expropriação pode ser apreendida nessa constante produção. Os indivíduos rompem, mesmo que momentaneamente, com a fragmentação, de modo que o momento se caracteriza pelo encontro e pelo coletivo, fatores que sustentam o anonimato durante os enfrentamentos com os sujeitos que impõem a dominação. Assim, no desvelamento da prática da resistência esmiuçamos as contradições espaciais que envolvem a atual produção capitalista do espaço.

A RESISTÊNCIA E AS CONTRADIÇÕES ESPACIAIS

O século XXI se distingue por uma profunda crise social que, diferentemente do ocorrido em outros momentos da história, não advém de uma escassez material, mas de um processo agudo de concentração de riqueza que produz uma miséria generalizada. A lógica da privatização dos bens produzidos socialmente alcança patamares escandalosos. A pilhagem realizada tanto pelo Estado quanto pelas empresas privadas é de tal magnitude que as benesses do conhecimento acumulado, a tecnologia e os recursos básicos para a vida são negados à maior parte da população, apesar de atingirmos recordes de produção e de avanço científico. Como resumido por Laval e Dardot,

> [b]ens de primeira necessidade, como alimentos ou os medicamentos, são regidos cada vez mais estreitamente pela lógica mercantil imposta por oligopólios mundiais; cidades, ruas, praças e transportes públicos são convertidos em espaços comerciais e publicitários; as instituições culturais, os equipamentos esportivos, os lugares de lazer e de descanso são de acesso cada vez mais difícil devido a direitos cada vez mais elevados exigidos aos usuários/clientes; os serviços públicos, desde os hospitais até as escolas, passando pelas penitenciárias, são construídos e cogeridos por empresas privadas; as instituições públicas de pesquisa e as universidades são "pilotadas" de acordo com finalidades de rentabilidade; as florestas, os mares, os rios e o subsolo são submetidos a uma exploração industrial cada vez mais intensiva; e todo o patrimônio cultural pertencente ao domínio público sofre pressões para que se converta em um capital que devem valorizar museus e bibliotecas.[23]

É, portanto, um tipo de miséria que não se resume à falta de bens materiais, mas também se refere à interdição da vida em seus vários planos, inclusive o do limite físico. A produção capitalista do espaço é determinada por essa dinâmica e a morfologia espacial nos aproxima dos conteúdos da nova desigualdade e da segregação que igualmente se generaliza. As práticas sociais se modificam e as formas, que são uma extensão do corpo já que são produzidas como elementos de reprodução da vida, não são reconhecidas como produto de seu produtor e essa condição de estranhamento[24] aprofunda-se com a transformação do espaço em mercadoria. Isto é, tal transformação revela que a crise social é também uma crise relacionada à produção espacial. As contradições sociais estão relacionadas à reprodução do espaço e, por isso, elas contêm uma espacialidade a ser decifrada.

Estamos diante de uma espacialidade marcada pela lógica da homogeneização, fragmentação e hierarquização do espaço, que tende à produção de um espaço abstrato, com normas que potencializam o funcionamento dos mecanismos da acumulação, reforçando, por um lado, os sustentáculos da propriedade privada e, por outro, absorvendo os conflitos. De acordo com Lefebvre,

> [...] um dos mais gritantes paradoxos do espaço abstrato, é que ele pode ser tanto o conjunto de lugares onde nascem as contradições, o meio onde elas se desdobram e que elas estraçalham, e por fim, o instrumento que permite abafá-las, substituindo-as por uma aparente coerência.[25]

Entretanto, é preciso esclarecer que essa espacialidade se realiza como *tendência*, já que existem os conteúdos que escapam a este controle e são eles que emergem quando nos aproximamos da compreensão das práticas socioespaciais de resistência. Por essa razão, não é suficiente apenas localizar os conflitos e resistências sobre o terreno, mas é necessário entender como uma prática espacial impede a realização absoluta da lógica da mercadoria e produz um espaço diferencial onde permanecem os irredutíveis, apesar de os sujeitos continuarem em uma constante luta de vida ou morte pela apropriação do espaço.

Não obstante, sabemos que entender as resistências se tornou um desafio, pois paradigmas anteriores que buscavam o sujeito revolucionário, as práticas da classe operária e outros fatores já não qualificam as possíveis vias de superação da crise social. Isso significa dizer que um caminho de superação, tanto teórico quanto prático, está por se construir e se depara com um conjunto de contradições. Nessa busca, saímos da localização dos conflitos e processos de resistência no espaço para entender a prática da resistência como relação que produz (ou pode produzir) um espaço diferencial. Desse modo, no desvendar da prática emergem as contradições espaciais, que ganharam destaque no século XXI pelo papel protagonista da produção espacial e pelo aprofundamento da produção de espaços extremos onde a concentração de riqueza e pobreza estampa a miséria generalizada de nosso período histórico.

Nessa perspectiva, a compreensão da prática da resistência nos permite aproximar e expor como a produção do espaço adquire centralidade no mundo contemporâneo e se torna uma via possível para revelar a espacialidade de contradições como uso/

troca, escassez/abundância e apropriação/dominação. Esquadrinhar as contradições, como ato radical da *práxis*, é entendido, sobretudo, como uma necessidade para potencializar a superação das condições de injustiça e de desigualdade. A cada escala da resistência, os aspectos diferenciados dessas contradições são postos em evidência. Desse modo, ao mesmo tempo que se faz uma crítica sobre as estratégias e ações que reproduzem as determinações da acumulação, igualmente se mostra aquilo que a rompe, ou seja, o negativo contido na prática. Em resumo, ao adotar como foco de reflexão a resistência, aproximamo-nos das contradições espaciais, principalmente pela perspectiva daquilo que nega a tendência hegemônica.

RESISTÊNCIA, COTIDIANO E A LUTA PELO ESPAÇO

Compreender a resistência como prática socioespacial é um meio de retomar e dar sentido à proposta de um pensamento-ação, que é aquele que pretende pôr em relevo os resíduos que podem conter o possível. É, simultaneamente, expor momentos que fogem do repetitivo embora não adquiram visibilidade, e invocar a necessidade, neste momento da história, de repensar as leituras sobre os processos de resistência. Temos clareza de que enfrentamos o desafio dentro dos limites de uma ciência parcelar como a geografia, porém as estratégias hegemônicas seguem arrebatando a produção do espaço e transformando profundamente a qualidade das relações espaciais. Por esse motivo, entender a centralidade da espacialidade é todo um recente campo de compreensão e ação no qual ainda é necessário superar os pontos cegos, as novas e elaboradas formas de alienação, as camadas de desinformação e construir, enfim, um arcabouço teórico renovado.

No entanto, é fato que vivemos o mal-estar e a miséria insustentável de uma vida de privações em seus diversos aspectos e isso requer a superação dos instrumentos teóricos que nos apoiam na compreensão dessa nova realidade para lançar luz sobre as brechas, fissuras e projetos que estão, no presente, movendo consciências e práticas. Como já exposto, a vida cotidiana é o campo privilegiado da reprodução, pois é nela que se direcionam as múltiplas estratégias de submissão e de domínio oriundas da ordem distante e, por isso, a luta pelo espaço se enfrenta de maneira privilegiada nesta escala. Se a resistência se transforma em prática obrigatória exatamente porque a expropriação atinge o seio da reprodução da vida na escala da vida cotidiana, alcança os limites da sobrevivência, produz espaços extremos em que apenas o resíduo move a vida, embora não a faça desaparecer por completo. Ao mesmo tempo, o espaço-tempo da prática da resistência é o que traz o descontínuo do repetitivo, uma brecha dentro da cotidianidade. Repensar, portanto, a relação entre a prática da resistência e a produção do espaço pode significar superar a localização dos conflitos e situá-los numa reprodução de relações espaciais que contêm os resíduos que ainda alimentam aqueles que lutam pelo espaço para continuar a serem habitantes do lugar.

Notas

1 "A tarefa da teoria crítica não é apenas a pesquisa das formas de dominação associadas ao capitalismo moderno senão, igualmente, aprofundar-se no potencial emancipatório intrínseco a, e simultaneamente reprimido por, este mesmo sistema." (Brenner, apud Buitrago, 2017, p. 244).
2 Laval e Dardot, 2015, p. 16.
3 Lefebvre, 1991.
4 Carlos, 2015.
5 Lefebvre, 1967.
6 Carlos, 2011, p. 17.
7 Lefebvre, 2006, p. 11.
8 Lefebvre, 1991.
9 Harvey, 2013, p. 36.
10 Lefebvre, 2006, p. 32.
11 Scott, 1990.
12 Carlos, 2001.
13 Lefebvre, 1991, p. 66.
14 Santos, 2002, p. 107.
15 Bensaid, 2001, p. 32.
16 Scott, 1990.
17 O discurso oculto, segundo Scott, não é algo que está apenas no plano simbólico ou semântico, mas é um conjunto de práticas que levam a cabo a resistência na vida cotidiana como ação de sobrevivência dos subordinados.
18 Scott, 1990, p. 176.
19 Idem, p. 174.
20 Bensaid, 2001.
21 Lefebvre, 1991.
22 Ribeiro, 2015.
23 Laval e Dardot, 2015, p. 118.
24 Carlos, 2001.
25 Lefebvre, 2006, p. 413.

Bibliografia

BENSAID, D. *Resistencias*: ensayo de topología general. Barcelona: El Viejo Topo, 2001.

_____. *Os irredutíveis*: teoremas da resistência para o tempo presente. São Paulo: Boitempo, 2008.

BUITRAGO, A. S. *Neil Brenner*: teoría urbana crítica y políticas de escala. Barcelona: Icaria, 2017.

CARLOS, A. F. A. *Espaço-tempo na metrópole*: a fragmentação da vida cotidiana. São Paulo: Contexto, 2001.

_____. *A condição espacial*. São Paulo: Contexto, 2011.

_____. *Crise urbana*. São Paulo: Contexto, 2015.

_____. *Justiça espacial e o direito à cidade*. São Paulo: Contexto, 2017.

ENCINA, J; EZEIZA, A. *Sin poder*: construyendo colectivamente la autogestión de la vida cotidiana. Guadalajara: Volapük, 2017.

HARVEY, D. *Espaço de esperança*. São Paulo: Loyola, 2004.

_____. *Ciudades rebeldes:* del derecho a la ciudad a la revolución urbana. Madrid: Editora Akal, 2013.

LAVAL, C.; DARDOT, P. *Común*: Ensayo sobre la revolución en el siglo XXI. Barcelona: Gedisa, 2015.

LEFEBVRE, H. *Metafilosofia*. Rio de Janeiro: Civilização Brasileira, 1967.

_____. *A irrupção*: a revolta dos jovens na sociedade industrial: causas e efeitos. São Paulo: Documentos, 1968.

_____. *A re-produção das relações de produção*. Porto: Escorpião, 1973.

_____. *Critique de la vie quotidienne* III: De La modernité au modernisme (Pour une métaphilosophie du quotidien). Paris: L'Arche, 1981.

_____. *A vida cotidiana no mundo moderno*. São Paulo: Ática, 1991.

_____. *A revolução urbana*. Belo Horizonte: Editora UFMG, 2002.

_____. *A produção do espaço*. Trad. Grupo As (Im)possibilidades do Urbano na Metrópole Contemporânea do Núcleo de Geografia Urbana da UFMG. Belo Horizonte. Mimeo, 2006.

_____. *Espaço e política*. Belo Horizonte: Editora UFMG, 2008.

RIBEIRO, F. V. *A luta pelo espaço*: da luta pela segurança da posse à política de regularização fundiária de interesse social em São Paulo. São Paulo, 2012. Tese (Doutorado em Geografia) – FFLCH, Universidade de São Paulo.

_____. Apontamentos sobre a produção do espaço de conflito na luta pela cidade. *Geotextos*. v. 11, n. 2. Salvador, 2015. Disponível em: <https://portalseer.ufba.br/index.php/geotextos/article/view/13312>. Acesso em: out. 2017.

SANTOS, M. *O espaço do cidadão*. São Paulo: Edusp, 2002.

SCOTT, J. C. *Los dominados y el arte de la resistencia*. Navarra: Txalaparta, 1990.

ZIBECHI, R. *Territorios en resistencia*: cartografía política de las periferias urbanas latinoamericanas. España: Baladre, 2011.

CONFLITOS SOCIOESPACIAIS, SOCIOAMBIENTAIS E REPRESENTAÇÕES: DIMENSÕES DA ANÁLISE URBANA

Danilo Volochko

Este capítulo[1] identifica e analisa alguns conjuntos temáticos e conceituais e dimensões pertinentes para o debate da pluralidade teórico-metodológica na Geografia atual, bem como para as análises urbanas. O conjunto temático que abordaremos envolve três dimensões: a dos conflitos socioespaciais urbanos, a socioambiental (sobretudo, mas não exclusivamente, urbana) e a das representações espaciais. A análise dessas dimensões permitirá construir um fio condutor para explicitar o modo pelo qual a perspectiva marxista-lefebvriana, em especial da geografia urbana, pode compreendê-las. É mister que a perspectiva da Geografia crítica-radical aprofunde suas análises também nessas dimensões, relevantes para a teoria e para a realidade urbanas atuais.

É importante esclarecer que a separação proposta em três dimensões é meramente expositivo-analítica, não havendo uma cisão metodológica, o que significa que reconhecemos a existência de uma intensa inter-relação, conexão e mesmo de uma relação constitutiva entre tais dimensões. Basta, simplesmente, pensarmos que, no movimento de reprodução do espaço urbano, os conflitos socioambientais são também conflitos socioespaciais, e que ambos articulam, no seu entrecruzamento, outras dimensões, como a da cotidianidade e a das formas de representação.

Assim, a partir da consideração das três dimensões elencadas – antecedida pela exposição de alguns elementos da dialética marxista –, será possível aglutinar temas comuns a distintas correntes teórico-metodológicas que vêm compondo o quadro interpretativo atual da ciência geográfica. Dentro desse quadro, podemos mencionar algumas vertentes: interpretações que sugerem a retomada, em patamares neoconservadores, da inspiração neopositivista e que apontam para o que poderíamos chamar de "geografias" da (pseudo)neutralidade, ou, ainda, "geografias" antipolíticas; "geografias" institucionalistas, mais alinhadas à ordem jurídico-estatista-planejadora; "geografias" socioambientais, fundadas em paradigmas como o da sustentabilidade, da complexidade, das abordagens geossistêmicas, da ecologia política etc.; "geografias" culturais e sociais, baseadas em aportes fenomenológicos, existencialistas, com a valorização da subjetividade, do simbólico, das representações espaciais; "geografias" pós ou decoloniais, cujo pilar é a crítica da modernidade e, com ela, da colonialidade do saber, propondo a construção de outras epistemologias.

Importa frisar que, embora cada perspectiva mencionada tenha sido denominada anteriormente de "geografia", elas apresentam pluralidade interna, ou seja, possuem múltiplos matizes e compõem a Geografia contemporânea como uma ciência bastante diversa. Em que pese expressarem diferenças teórico-metodológicas internas e entre si, tais "geografias" não configuram unidades estanques, fechadas, podendo apresentar composições, combinações parciais, como é o caso das temáticas do planejamento ambiental urbano, dos conflitos socioambientais, ou mesmo da articulação entre geografias decoloniais e abordagens que debatem questões culturais e ambientais.

Não pretendemos, neste capítulo, construir uma crítica cabal a todas essas "geografias" ou às suas orientações teórico-metodológicas, tampouco nossa tarefa é estabelecer uma negação superficial e rápida das suas possibilidades. Objetivamos, pelo contrário, continuar um debate já existente, embora nem sempre explicitado, entre essas orientações analíticas, o que será feito por meio da exposição das possíveis compreensões teórico-metodológicas da Geografia urbana crítica-radical sobre as dimensões em tela.

Assinalaremos, a seguir, alguns elementos teórico-metodológicos da perspectiva crítico-radical e marxista-lefebvriana em sua relação com a Geografia, para, a partir deles, delinear bases interpretativas das dimensões dos conflitos socioespaciais e socioambientais urbanos, das representações socioespaciais, assim como das principais ideias concernentes a tais dimensões da realidade.

CONSTITUIÇÃO DA PERSPECTIVA CRÍTICO-RADICAL NA GEOGRAFIA

Muito já foi escrito e debatido sobre a Geografia crítica e radical, sobre seu desenvolvimento na Geografia brasileira, como atestam diversos trabalhos, por exemplo, de José William Vesentini, Antônio Carlos Robert Moraes, Ruy Moreira, Manuel Corrêa de Andrade, entre outros. Não vamos reconstituir esse amplo debate, partiremos do pressuposto de que já são conhecidos os movimentos de renovação da Geografia.[2]

No livro *Tendências e problemática atual da Geografia*, José Estébanez identifica o contexto social e histórico dos anos 1960 e 1970 nos EUA e na Europa como um momento de grandes transformações na sociedade que repercutirão na crise dos modelos explicativos então vigentes. Para o autor, trata-se de um contexto turbulento que questiona a capacidade do método científico positivista como um caminho explicativo das transformações e conflitos que estavam ocorrendo. Nessa conjuntura, as ideias marxistas passam a influenciar as ciências de modo geral, combatendo a suposta neutralidade científica do pesquisador, evidenciando sua inserção política, histórica, e considerando facetas antes tidas como metafísicas, a exemplo da imaginação, da intuição, da estética, da vida cotidiana, entre outras. Por outro lado, passam a ser rechaçados modelos matemáticos abstratos ligados, via de regra, aos poderes hegemônicos (Estado e capital), e se procura elaborar teorias sociais a partir da análise de realidades históricas concretas.

A geografia crítica e radical foi um repensar do sentido da ciência, não apenas no âmbito epistemológico, mas também no do papel mesmo do cientista-pesquisador e de sua produção acadêmica, voltando-se para o estudo dos sujeitos sociais, com os sujeitos e ao lado deles. As análises convergiam para as ideias de Karl Marx, para quem importava a existência do indivíduo real, do homem em sua concreção, membro de uma sociedade e de uma classe. A utopia era outro elemento da dialética materialista de Marx, que propunha uma emancipação do homem das condições que o aprisionam, do determinismo econômico baseado na exploração do homem pelo homem através da exploração do trabalho alheio. Então Marx propunha uma ruptura total com o modo de produção capitalista como forma de restituir a humanidade do homem, num processo – central para pensar o significado da noção de radicalidade – que criaria o homem desalienado.

Por outro lado, é suficientemente claro que esse momento de renovação nas ciências em geral e na Geografia em particular também foi quando alguns equívocos foram cometidos, ao se negar, muitas vezes de modo absoluto e sem um diálogo crítico, a produção teórica anterior, seja da geografia quantitativa, seja da geografia tradicional.[3] José William Vesentini informa,[4] ainda, da dificuldade de incorporar a Geografia física no movimento de renovação, até pela natureza dos temas por meio dos quais a Geografia crítica e radical se afirmou: o estudo do subdesenvolvimento, da justiça social, da pobreza e da marginalidade, das relações de poder no espaço, da construção social do espaço. Apesar disso, Vesentini lembra os estudos de Jean Tricart e Georges Bertrand, publicados na revista francesa Hérodote, que mostravam a relevância do debate da questão ambiental e da natureza no movimento renovador da geografia.

Diante desse panorama geral, porém, as leis e regularidades do positivismo lógico, assim como as extensas descrições e classificações, não davam mais conta de explicar a complexidade socioespacial do mundo e do humano em sua subjetivação/subjetividade e em sua objetivação/objetividade. Nesse momento de contestação do positivismo lógico e das análises descritivas na geografia surgem duas correntes que se identificaram como críticas: a Geografia crítica e radical (de cunho sobretudo marxista, mas também anarquista) e a Geografia humanista (de cunho existencialista e fenomenológico). A partir das décadas de 1970 e de 1980, a Geografia crítica-radical começa a se tornar bastante influente, notadamente na Geografia brasileira. Contudo, nos últimos 15 anos pelo menos, essa corrente vem sendo bastante criticada – nem sempre de forma séria – dentro e fora do país, tendo perdido alguns espaços, os quais vêm reconquistando nos anos recentes.

O PAR TOTALIDADE/MEDIAÇÕES NA DIALÉTICA MATERIALISTA E A COMPREENSÃO DO ESPAÇO PELA GEOGRAFIA (URBANA)

O método dialético e a postura filosófica materialista entendem o método como *caminho do pensamento*, uma atitude filosófica, nas palavras de Odette Seabra, ou uma visão social de mundo, nos dizeres de Michael Löwy. Se, por um lado, possuir duas visões sociais de mundo seria algo incoerente – o que revelaria, no mínimo, uma incoerência em tentar trabalhar "ecleticamente" com dois ou mais métodos – por outro, o método não deve significar um sistema intelectual fechado.

Italo Calvino escreve, no livro *As cidades invisíveis*, que "a cidade não conta o seu passado, ela o contém como as linhas da mão, escrito nos ângulos das ruas, nas grades das janelas, no corrimão das escadas [...]".[5] Esse trecho nos remete a uma questão metodológica central: como o estudo de uma pequena parte/fragmento da cidade pode nos ajudar a compreendê-la de modo mais amplo? Quais processos articulam a parte e o todo, colocando-se como mediações? O que está em jogo nessas questões é como o método dialético trabalha com a noção de totalidade.

A compreensão da epistemologia não prescinde de uma reflexão filosófica, que encaminha para uma reflexão de método ao problematizar a parcelaridade da ciência geográfica, e nos convida a, sem abandonar a Geografia, pensar em uma superação possível de uma totalidade dentro dela ou interna a ela. Com efeito, uma totalidade circunscrita à Geografia reduz o espaço a um objeto epistemologicamente fechado, formando um sistema, e, frente a isso, coloca-se o imperativo de uma compreensão aberta e móvel da totalidade. As ciências parcelares (aí incluída a Geografia) estabelecem importantes mediações para a análise do espaço e elas mesmas poderiam ser vistas como mediações, a serem construídas-desconstruídas-reconstruídas constantemente em seus limites e possibilidades a fim de compreender a totalidade espacial.

Se a perspectiva de método com a qual trabalhamos compreendesse o espaço como um sistema fechado, uma totalidade fechada, isso equivaleria a pensar a Geografia como uma ciência do espaço.[6] Nesse caso, a Geografia impõe ao espaço uma epistemologia e uma ontologia, já que ele é tomado como um ser, um sujeito que participa e trabalha, dentro de uma divisão territorial do trabalho, por exemplo. Ao contrário, a totalidade na dialética materialista é vista enquanto totalidade ao mesmo tempo socioespacial, sócio-histórica e socioambiental. A tríade sócio-histórico/socioambiental/socioespacial aponta para a relação indissolúvel tempo-espaço. Isso sinaliza que a totalidade é uma perspectivação, um horizonte (nunca plenamente alcançável), uma construção dinâmica que se busca por meio de mediações, como os espaços-tempos. Então a totalidade expressa uma busca por apreender as mediações que articulam os diferentes momentos, formas e conteúdos constituintes de determinado processo ou realidade, partindo, voltando e indo além do plano fenomênico.

O que estamos a enunciar é o esforço de pensar teórico-praticamente a cidade, o urbano, a metrópole, e relacionar os planos teórico e prático a propósito da cidade, do urbano, da metropolização, da vida cotidiana. Assim, pode-se construir um conhecimento que parta da realidade dos fragmentos, de suas contradições e conflitos, elabore essa realidade abstratamente – por meio de conceitos e formulações teóricas – e, novamente, chegue no terreno, por vezes incerto, do concreto pensado (lembrando Marx). Eis o desafio metodológico para a perspectiva do materialismo dialético na Geografia urbana.

COTIDIANO, CLASSES SOCIAIS E PRODUÇÃO DO ESPAÇO

A noção de produção, e sobretudo a de reprodução, descortina o nível do cotidiano, que esteve, de uma forma ou de outra, presente na sociologia e filosofia clássicas, ainda que frequentemente secundarizado. Isto é, a esfera do senso comum amiúde foi rejeitada, tratada como anomia. Henri Lefebvre constata que todos os esforços políticos para transformar o mundo em sociedade socialista não deram certo e indaga: por que uma sociedade não passou pelas transformações que supostamente deveria ter passado? O mistério, segundo Lefebvre, estava na vida cotidiana. Ainda sobre isso, o autor pergunta: onde está a insurgência transformadora na vida cotidiana? A partir daí ele dá início a uma crítica ao marxismo estruturalista. Nessa perspectiva, surgem três pensadores marxistas que, mesmo com diferenças interpretativas, aproximaram-se da discussão do nível da vida cotidiana: Karel Kosik, Agnes Heller e György Lukács.

Agnes Heller desenvolveu uma discussão entre vida cotidiana e as necessidades radicais. As necessidades humanas não podem ser atendidas pelas relações existentes (nos âmbitos econômico, simbólico, cultural ou, ainda, nas relações de poder), uma vez que as necessidades radicais – noção advinda dos *Manuscritos* de Karl Marx – têm a ver com a necessidade da universalidade, da transcendência das alienações, e não são passíveis de satisfação plena ou de superação nos marcos da sociedade capitalista, como pensa Heller.

Henri Lefebvre, que, juntamente com Heller e Lukács, colocava-se como adversário do stalinismo, inicia suas contribuições sobre a vida cotidiana visando superar o caráter simplificador do marxismo oficial. Um de seus questionamentos versava sobre a negação da possibilidade da existência de alienação socialista, algo que restringia o debruçar-se sobre o cotidiano (que é atravessado por alienações). Ele lança a pergunta-chave: na vida cotidiana, como se faz história? Ou, em outros termos: como a história está apartada da vida cotidiana?

A escala da vida cotidiana remete à escala do lugar, da sua produção e apropriação conflituosas pelos sujeitos sociais. A prática socioespacial revelada pela vida cotidiana abriga as dimensões dos controles políticos e econômicos e também muitas outras: subjetivas, culturais, simbólicas etc., portanto, a vida cotidiana expressa o acaso, o banal, o residual, o irracional, expressa os conflitos, a miséria, o conformismo, a alienação, assim como a riqueza das possibilidades de luta e de transformação da realidade. Fica, então, a seguinte questão: quais as relações possíveis entre os conceitos de cotidianidade, resistências, transgressões, mudanças sociais? Quais práticas desviantes, ressignificações, insubmissões e reapropriações apontam para uma crítica radical? Há microrresistências, microliberdades, microdiferenças sendo gestadas no cotidiano? Segundo Lefebvre, as mudanças no cotidiano permanecerão sendo os critérios de mudança histórica.

Logo, percebemos que a vida cotidiana deve ser pensada como realidade e como conceito, nessa dupla determinação. Além disso, o cotidiano é o lugar da satisfação e da insatisfação das necessidades e dos desejos, mas não é somente o microssocial, o subjetivo, pois o cotidiano traz nesses planos uma dimensão política, algo que integra os fatos (aparentemente) "aleatórios" e individuais da vida social. Enquanto realidade, a gestão e a programação da sociedade pelo Estado e pelo capital efetivam-se no/pelo cotidiano, o que nos exige historicização, ou seja, coloca-nos o desafio de pensá-lo em contextos históricos e geográficos particulares.

A escala analítica da produção do espaço permite enlaçar tais questões. Ela reporta à escala qualitativa dos sujeitos sociais concretos, em suas relações espaciais, conflitos e representações. A análise da produção do espaço envolve um olhar multi e transescalar: o lugar no mundo, o mundo no lugar, o lugar na região, a região no mundo e assim por diante, no plano nacional, na escala interurbana (da rede urbana), intraurbana (esta última é a que melhor revela a escala dos sujeitos sociais concretos, a escala do cotidiano).

O debate do cotidiano não pode ignorar nem a complexidade da questão das classes sociais no mundo contemporâneo, nem o fato de que a contradição capital-trabalho não pode mais ser considerada como o único centro estruturador do debate das classes.[7] A esse respeito, escreve Armand Ajzenberg:

> Isso conduz a fazer entrar na análise do modo de produção os aspectos negligenciados até aqui: arquitetura, urbanismo e, mais amplamente, espaços e tempos sociais, mas também a ecologia, que se tornaram mercadorias ao redor das quais se travam grandes lutas [...]. Essa luta, à escala mundial, pelo tempo e pelo espaço [...] tornou-se uma forma moderna da luta de classe não implicando mais unicamente um sujeito histórico já constituído: a classe operária. Forma moderna a qual Marx não previu, porque ela não existia em seu tempo.[8]

Existem muitos outros elementos em jogo, que tornam mais complexas as classes sociais, no cruzamento das transformações macroestruturais (macroeconômicas, políticas) que estão ocorrendo no mundo – o capitalismo financeirizado; a reestruturação produtiva ou a crise da sociedade do trabalho; o papel das novas tecnologias de informação, comunicação e representação espacial; a mundialização; os novos, velhos e renovados conflitos geopolíticos, urbanos, migratórios, ambientais – com os processos microestruturais, que apontam as questões que envolvem raça, gênero, sexualidade, religião, identidades etc. Tais elementos tornam mais complexo o debate das classes sociais hoje, mas não nos autorizam a desconsiderar sua persistência e importância.

DIMENSÃO I: CONFLITOS SOCIOESPACIAIS URBANOS

Uma primeira dimensão a ser esmiuçada é a dos conflitos socioespaciais urbanos. A dimensão dos conflitos, de maneira geral, recupera procedimentos da dialética, ao focar nas contradições e como elas se articulam à produção/reprodução do espaço. Trata-se de uma dimensão ampla, que envolve os planos político, econômico, social, e certamente também outros, como os planos cultural e ambiental. Nesta seção vamos nos dedicar a pensar os planos político, econômico e social, e em que medida, por quais processos, eles chegam a definir conflitos tendo o espaço urbano como mediação. Claro está que existem conflitos intraeconômicos, intrapolíticos, intrassociais, assim como sentidos distintos no interior de cada plano; não vamos nos debruçar sobre esses tipos de conflitos, mas partiremos dos sentidos hegemônicos realizados pelo político e pelo econômico nas cidades, bem como de algumas possibilidades franqueadas no plano social. Convém não esquecer o caráter implicado desses planos, que indica não haver separações entre eles na realidade, de modo que seu isolamento relativo é apenas um recurso analítico.

Planos político e econômico: o espaço estratégico-homogêneo-hegemônico

Apesar de guardarem conteúdos, formas, finalidades e estratégias distintas, os planos político e econômico também abrigam, ao mesmo tempo, coesões e articulações muito robustas, que exibem sentidos e objetivos muito próximos, quase iguais.[9] Pensar nesses planos demanda, portanto, uma análise dos sujeitos sociais e de suas ações. Por isso, trabalharemos, neste subitem, o plano político considerando algumas ações do Estado que se dão por meio das ações hegemônicas do planejamento urbano e da governança urbana. Do ponto de vista econômico, identificaremos algumas estratégias atuais de reprodução dos capitais imobiliários e financeiros no espaço urbano, para, então, costurar tal análise com as ações do planejamento urbano.

Podemos afirmar, não sem uma dose de provocação, que existe excesso de planejamento urbano nas cidades. Existem muitos planos, leis bem elaboradas, políticas bem desenhadas. O que não falta nas cidades é planejamento, mas esse planejamento não tem sido capaz de regular o espaço urbano fora dos marcos do mercado capitalista, cuja lógica é concentradora e excludente. Pelo contrário, é através do planejamento urbano que a produção capitalista do espaço tem se aprofundado. De saída isso mostra que o planejamento urbano não se resolve apenas como questão técnica, como aperfeiçoamento institucional, visto que existe todo um universo político-econômico a ser considerado.

Poderíamos até mesmo mencionar Michel Foucault para dizer que a população – enquanto massa, número, não enquanto sociedade de classes propriamente – é um dispositivo de segurança, de controle do Estado, um meio de garantir o que aquele autor chama de governamentalidade. Portanto, a população urbana tratada como tal – como consumidora, usuária de políticas públicas e de planejamento – revela-se uma abstração do social e se coloca como objeto/objetivo da ação do Estado, por meio do ordenamento do espaço urbano. Dialeticamente, isso não ocorre sem conflitos, como veremos adiante.

Não obstante Marcelo Lopes de Souza[10] percorrer um longo e profícuo debate sobre o planejamento urbano, inclusive debatendo perspectivas alternativas de um planejamento urbano crítico, autônomo, de desenvolvimento socioespacial, e malgrado outras contribuições que dialetizam o planejamento urbano, resta potente e hegemônica uma lógica de atuação estatista no planejamento. Sua escala de ação e seus objetivos são pautados pelo princípio da aplicabilidade de políticas, que envolve procedimentos como homogeneização-redução, quantificação, classificação, hierarquização da realidade urbana e ordena a produção do espaço conforme interesses da reprodução capitalista.

O poder do Estado, no contexto da mundialização, vem sendo disputado, enfrentado, integrado pelo poder atual de novos sujeitos, tais como a mídia, os *lobbies* monopolistas, as redes criminosas internacionais (narcotráfico, contrabandos, prostituição), as ONGs, as empresas transnacionais, os investidores financeiros, os novos nacionalismos e regionalismos. Se há uma dinâmica que multiplica e descentraliza formas de poder, não há, contudo, diminuição ou apagamento do Estado, mas sua crescente reconfiguração na direção do neoliberalismo, como pode ser visto pela ascensão de governos fortemente neoliberais nos atuais contextos brasileiro e mundial.

Nesse sentido, o momento presente marca uma reelaboração das articulações do poder público com o setor privado. A governança seria exatamente o empresariamento tendencialmente completo dos governos, um reenquadramento do político para fortalecer o econômico. A governança associa-se à ideia de empreendedorismo, na qual o público facilita a ação do privado e este realiza cada vez mais funções públicas quanto ao planejamento da cidade. O planejamento estratégico, que está no âmbito da governança urbana e metropolitana, disponibiliza institucional e juridicamente instrumentos urbanísticos para a reprodução econômica, em detrimento da vida dos habitantes, como atestam as operações urbanas consorciadas e figuras como a concessão urbanística.

A governança e o novo urbanismo, no contexto da "sociedade complexa", ficam sendo cada vez mais uma governança e um urbanismo complexos, ultraespecializados, um assunto para técnicos. Autores como Otília Arantes e Jean-Pierre Gaudin, por exemplo, pensam o neourbanismo desmascarando a governança como uma nova forma de relacionamento da economia com a política que faz erigir um urbanismo de coalizões, ou como querem Ermínia Maricato e Carlos Vainer, um urbanismo negocial,[11] que pressiona o Estado a se reestruturar com vistas a facilitar a superação das crises econômicas. Nessa leitura, o Estado progressivamente busca atrair para o território sob sua "gestão" novos investimentos, de modo que a produção do espaço é tida como catalisadora do desenvolvimento estratégico (econômico, bem dito) e ao mesmo tempo neutralizadora dos conflitos socioespaciais.

Há alguns pontos de partida indubitáveis para o grosso do planejamento urbano: o mercado capitalista do solo urbano e o fato de que o espaço-mercadoria e o urbano como negócio estruturam toda a (ou a imensa maioria da) concepção de planejamento urbano. Frequentemente a lógica estatista lida com os conflitos urbanos na chave dos conflitos de uso do solo, o que reduz a problemática urbana ao uso do solo, quando se trata, além disso, de segregação. É igualmente interessante notar que os processos de regularização fundiária, urbanização de favela – importantes para a melhoria das condições de vida das frações sociais empobrecidas – são também processos espoliatórios e políticas espaciais que expulsam moradores para periferias ainda mais precárias.

Embora não seja capaz ou não se interesse pela regulação do mercado capitalista da produção da urbanização – a despeito de legislações avançadas socialmente como o Estatuto da Cidade (Lei 10.257/2001) –, a faceta do planejamento urbano empreendedor é capaz, por outro lado, de garantir uma política habitacional essencialmente empresarial, como o Programa Minha Casa, Minha Vida. Tal programa habitacional realiza novas rodadas de investimentos que refragmentam as periferias, produzem homogeneizações – dadas pela mercantilização do espaço em propriedade formal do solo urbano que garante juridicamente sua intercambialidade –, levam a uma homogeneização morfológica, no plano da paisagem – condomínios e edifícios que têm as mesmas características arquitetônicas urbanísticas – e, ainda, a novas hierarquizações – a periferia valoriza-se em algumas regiões e se estende em novas e mais afastadas direções.

A dominância financeira contemporânea basicamente faz do imóvel e do próprio espaço ativos financeiros, a serem dotados de liquidez. A cidade como negócio implica sobretudo a produção de imóveis novos em negociações exponenciais e reforçam a constituição do espaço financeirizado pela ação acionária, de derivativos etc. Essa dinâmica realiza-se como metropolização-(re)periferizações-(re)centralizações, por meio de processos de valorização-desvalorização-revalorização do solo, dos imóveis e dos espaços, tanto em áreas centrais (gentrificações), de desindustrialização, nas periferias, como com a produção de infraestruturas e equipamentos urbanos.

O debate atual do rentismo[12] que, articulado à realidade urbana, conduz ao debate da renda da terra urbana deve vir associado à discussão sobre o patrimonialismo – que é o poder de arregimentar capital financeiro via propriedade privada de bens imóveis herdados/acumulados, muitas vezes de modo ilegal ou violento (grilagem) – e à discussão sobre a especulação imobiliária. Processos como o rentismo, o patrimonialismo e a especulação imobiliária compõem a capitalização do espaço, que se coloca como momento do processo de valorização geral do espaço, já discutido em outros trabalhos. A feição rentista do mercado imobiliário deve ser ponderada pelo fato de que os rendimentos provenientes da propriedade privada do solo – que captura parte da mais-valia social pelo monopólio de uso e localização, na figura da renda da terra – estão atrelados à produção do espaço, à urbanização como força produtiva, portanto, precisamos pensar, de modo articulado, o rentismo, a produção e a valorização do espaço.

Plano social: o espaço das lutas-transgressões-diferenças

Em conjunto com os agentes hegemônicos da produção do espaço urbano, é preciso iluminar também os sujeitos dispersos, que atuam na microescala: ocupantes de terra ou de imóveis, ambulantes, moradores de cortiços ou em situação de rua, o simples habitante, inquilino ou proprietário de imóvel regular ou de um barraco. Para tanto, coloca-se a pergunta: como se dão as relações sociais nos lugares? Tal pergunta, simples e profunda, abre um horizonte de indagações, um universo de pesquisa e de ação.

É nessa medida que os lugares, espaços-tempos apropriados da vida cotidiana, ao mesmo tempo que expressam a fragmentação do espaço, revelam que a concentração que marca as cidades é também uma concentração de contradições urbanas, de processos de luta. Se nas cidades os negócios se concentram e são dinâmicos, também o são as formas de exploração, dos empregos precarizados, parciais, terceirizados, temporários, subcontratados, das moradias e bairros igualmente precarizados. Assim, por produzir transformações espaciais, os negócios urbanos transformam modos de vida e também acirram lutas que buscam um outro sentido para o desenvolvimento socioespacial.

Ademais, o plexo dos conflitos socioespaciais urbanos é extenso, abrangendo manifestações, paralizações, interrupções, ocupações, reivindicações por melhorias urbanas, habitacionais, nos serviços e equipamentos urbanos, por justiça ambiental, por trabalho, por lazer e cultura, e assim por diante. São travadas tanto ações diretas quanto lutas institucionais,[13] ou seja, por dentro e por fora da estrutura estatista, às vezes de forma combinada. Tomaremos, portanto, duas lutas que agitam as cidades: as lutas institucionais pela reforma urbana, apoiadas fundamentalmente na efetivação da função social da propriedade e da cidade, e as ações diretas identificadas pelas ocupações urbanas, de espaços e edifícios públicos e privados. Advertimos novamente que não concebemos tais lutas (pela função social e as ocupações) como dinâmicas separadas; ambas são importantes, embora, acreditamos, com alcances distintos.

Urge considerar que há um desgaste dos termos "direito à cidade" e "função social da propriedade", no sentido de que tais termos, banalizados, têm neutralizada a sua potência transformadora, ao serem incorporados institucionalmente enquanto discurso e enquanto uma espécie de contrapartida do planejamento estratégico. Nesse sentido, o esvaziamento conceitual e prático do direito à cidade pode estar obstruindo, em nome de um pragmatismo, a utopia e a radicalidade do próprio direito à cidade.

A utopia pelo direito à cidade, nos termos de Lefebvre, é uma utopia contra a despossessão representada e naturalizada pela propriedade privada da terra. Então, a função social da propriedade colocaria, de um lado, um estreitamento do horizonte utópico do direito à cidade, ao naturalizar a forma-propriedade – e tudo que ela envolve: fetiche, alienação, dominação etc. – como forma social, econômica e política. Isto é, a função social da propriedade entende a cidade como produção coletiva, mas, mesmo que seja uma propriedade melhorada – que avança em relação ao caráter absoluto da propriedade provada individual –, ela ainda não atinge a essência do direito à cidade.

Assim, a função social da propriedade é uma outra maneira de formular a propriedade, entretanto desdobra-se desta última mais como complementaridade do que como negação. Ela questiona a exclusividade do rentismo privado, mas não o fundamento da propriedade como forma social e jurídica de acesso à riqueza. Ou seja, a função social acaba legitimando a propriedade privada como mecanismo de absorção das mais-valias sociais, introduzindo, no entanto, um princípio de equilíbrio e de justiça nessa distribuição das mais-valias capturadas, mas ainda é função social de propriedade privada. A política urbana banalizou a função social da propriedade como discurso, todavia não como prática. Representando algum avanço – em um contexto neoconservador em vias de radicalização –, a função social se põe como elemento de mobilização social, e, ao mesmo tempo, como álibi para negócios renovados. Esse caminho de luta, mesmo sendo insurgente, não tem conseguido tornar-se capaz de transformar a lógica da urbanização capitalista, pois ela, a função social, que deveria ser um princípio, é excepcionalizada pelo planejamento urbano, vira exceção, torna-se atendimento de pressões localizadas.

Haveria sentidos antagônicos no seio da propriedade: um social, outro privado. Na prática, porém, o que parece haver é uma hierarquização desses sentidos, uma vez que a função social não conseguiu se estabelecer como sentido principal da propriedade, permanecendo subsidiária da função privada hegemônica: fonte de extração de renda, de lucros, de valorização, acumulação, enfim, pilar das desigualdades e segregações socioespaciais. Mesmo assim, os sujeitos sociais que lutam por transformar sua cotidianidade, ainda que nos limites do acesso à propriedade privada do solo, iluminam conflitos socioespaciais urbanos que expressam disputas entre o sentido hegemônico da produção do espaço e os sentidos da vida urbana, do uso e da apropriação do espaço. Ao fazer isso, vão além das questões simbólicas, de identidade, e corporificam uma crítica aos que operam com análises vinculadas a pressupostos lógicos, formais, instrumentais, institucionais, próprios do Estado e do planejamento urbano hegemônico.

As ocupações urbanas, por seu turno, estão na base dos processos reivindicatórios pela aplicação dos mecanismos legais atinentes à função social da propriedade e da cidade, já que frequentemente é por meio das ocupações que essa luta institucional é realizada. Propomos, porém, uma reflexão mais detida sobre as ocupações urbanas, sobre aquilo que poderia ser entendido como seu sentido lato. Para isso, devemos lembrar que a luta pela reforma urbana, a conquista social representada pelo Estatuto das Cidades, fazem parte de um ciclo de lutas, ligado a um ciclo de acumulação. Nesse contexto, a luta pela participação e pela institucionalização das demandas dos moradores empobrecidos das periferias era (e segue sendo) algo importante, definindo pautas que hoje são vistas como "clássicas": moradia, saúde, educação, trabalho.

Os novos movimentos de luta são descentralizados, não verticalizados, espontâneos, não institucionalizados, com múltiplas lideranças ou sem lideranças evidentes, sem bandeiras, transversais em suas reivindicações, organizados em redes, frentes, com temáticas que ampliam (e muitas vezes esquecem ou desconsideram) aquelas levantadas pela noção de classe social. Emergem temas como relações de gênero, étnico-raciais, movimentos estudantis, culturais, lúdicos, por justiça ambiental, entre outros. Muitos deles se pautam por ações diretas, são compostos por adolescentes, jovens, estudantes, apresentando novas formas de mobilização e comunicação. São movimentos e ativismos heterogêneos, fragmentados, dispersos, voláteis, frequentemente com baixo grau de constância e incidência nas estruturas políticas contra as quais se voltam, mas instituem novos espaços de representação que desafiam as representações dominantes.

O que parece aglutinar muitos dos novos movimentos e os movimentos ditos "clássicos" são os processos de ocupação, seja de espaços institucionais – Câmara de Vereadores, Assembleias Legislativas, escolas, secretarias, ministérios etc. –, de espaços públicos urbanos – praças, parques etc. – ou de terrenos especulativos. As ocupações têm o sentido da festa, porque são o inesperado-organizado, são criativas, são algo não cotidiano, representam a luta pela retomada do uso do espaço da cidade pelo corpo, contra os espaços que se fecham para seu uso. Elas revelam o sentido improdutivo do espaço, pois não são tempo de acumulação, de mais-valia, de valorização do valor, mas são tempo de uso. O espaço ocupado é o espaço apropriado, é a negação do espaço-dominação.

A ocupação do espaço significa a busca pela retomada da política em sua natureza social e possui uma intencionalidade política enquanto sociabilidade não econômica, enquanto sociabilidade que propõe um outro cotidiano. Dessa maneira, instaura uma posse provisória, mas que, nessa condição, nega o sentido especulativo e abstrato do espaço. Trata-se de inaugurar um novo ritmo no espaço, de um espaço-tempo do corpo não mercantilizado. As ocupações visibilizam, portanto, privações e conflitos identificados com a totalidade da vida na cidade, iluminam práticas socioespaciais que almejam a construção de um outro espaço vivido, transcendem o presente e presentificam utopias. Ocupar é travar os fluxos, significa reivindicar a cidade contra os cercamentos da sociabilidade capitalista: é o urbano como agenda; é uma crítica, em ato, às externalidades da modernização que produz um cotidiano inviável; é, em resumo, uma rearticulação entre cotidiano e história, espacializando a crítica (teórica) da vida cotidiana.

O conceito de apropriação se refere a um ato concreto: o uso do espaço enquanto emprego do tempo pelo corpo, pelos sentidos. Nossa hipótese, assim, é a da indissociabilidade entre ocupação-apropriação, que, inclusive, remete à ideia de que a apropriação não se realizaria sem a ocupação de determinado espaço (e tempo), ou a ocupação é uma condição, um momento central para a apropriação. As ocupações, para os movimentos sociais urbanos, são estratégicas na luta política pelo espaço e apontam, mesmo efemeramente, uma centelha de superação radical da sociabilidade capitalista.

DIMENSÃO II: RELAÇÕES (E CONFLITOS) SOCIOAMBIENTAIS URBANOS

A dimensão ambiental rapidamente se tornou uma dimensão paradigmática no mundo atual; talvez, mesmo, possamos pensar que ela venha se configurando como uma espécie de inteligibilidade contemporânea. Com efeito, a dimensão ambiental e a dimensão ambiental urbana trazem desafios analítico-científicos, pragmáticos, políticos, culturais, que convidam a encontrar as camadas de tempo sob o espaço-tempo urbano atual, assim como suas conexões, distensões e rupturas. De fato, há justaposições de temporalidades sócio-históricas e socioambientais na espacialidade urbana, as quais revelam ritmos conflitantes que se misturam e que, por vezes, geram contradições.

A noção de ambiente, tal como trabalhada por Dirce Suertegaray,[14] inclui várias instâncias: natureza, cultura, economia, política e formas de representação. Segundo a autora, é comum o uso, um tanto desavisado, de termos como "meio urbano", em que a designação "meio" (proveniente da Física e da Biologia) remete a um entorno natural e parece encarar a sociedade em termos de espécie (o homem), que interfere como um fator (antrópico) neste meio natural. É preciso que nos distanciemos dessa concepção naturalista ou, conforme Marcelo Lopes de Souza,[15] biocêntrica, buscando a interação sociedade-meio, ou melhor, sociedade-espaço natural transformado ou, ainda, sociedade-espaço social/socionatural sendo transformado. Esse distanciamento da concepção naturalista da geografia encaminha a certa concepção de natureza, segundo Suertegaray:

> A natureza enquanto concepção é [...] tudo aquilo que é produzido/organizado/reorganizado sem a intencionalidade humana, inclusive no próprio homem (sua dimensão biológica). São as coisas que compõem a superfície da terra e seu invólucro próximo e mesmo o distante. É a interação dessas coisas no espaço–tempo e se diferencia dos objetos, posto que estes são construídos com intencionalidade (Santos, 1997), através de projetos, de difusão de ideias, ideologias. Entretanto, a natureza é, enquanto percebida, concebida como conceito. Sendo um conceito, remete-nos a uma construção social/cultural.[16]

A cidade ela mesma já é um processo de transformação da natureza natural em espaço social, histórico. Esse espaço possui uma naturalidade que, por sua vez, deve ser entendida na relação sociedade-natureza. A problemática ambiental urbana mostra, para Arlete Moysés Rodrigues,[17] que a urbanização se realiza como processo de afastamento da natureza natural: aterramento de rios, impermeabilização de solos, transformações de vertentes e fundos de vale em áreas de moradia popular, assim como a ocupação pelas elites de áreas elevadas e arejadas (divisores de águas) em regiões valorizadas.

Erik Swyngedouw[18] propõe entender a cidade como um híbrido natureza-sociedade e utiliza termos como "urbanização ciborgue" e "socionatureza urbanizada". Tal socionatureza, para o autor, é produzida material e discursivamente no seio de uma urbanização desigual ligada a processos de atribuição/destituição de poder, de modo que ele aponta para uma ecologia política urbana. A sociedade produz uma segunda natureza (uma socionatureza, um espaço social), e os problemas ambientais não somente não se separam, como também são provenientes dos problemas da economia, da política, das representações da questão ambiental.

A concepção naturalista/biocêntrica (na geografia e fora dela) retoma o debate demográfico/populacional e também aquele dos recursos naturais, frequentemente em chaves neomalthusianas. Nesse sentido, a relação entre população e meio ambiente vem pautando essa concepção em escala mundial desde a década de 1970,[19] quando sobretudo os países desenvolvidos começam a dar atenção à problemática da contaminação e poluição da atmosfera, da biosfera e da hidrosfera, entre outros problemas, como o dos resíduos tóxicos industriais e dos acidentes e depósitos de materiais nucleares/radioativos.

A consideração neomalthusiana estabelecia a relação de uma pressão dos números sobre os recursos, que significa a velha preocupação da quantidade de habitantes que o planeta pode suportar em termos de recursos agrícolas, hídricos e energéticos. Nessa visão – bastante debatida, mas insistentemente presente –, o tamanho e o ritmo de crescimento da população estariam ligados à crescente degradação ambiental: esgotamento dos solos e dos recursos hídricos, desflorestamento, poluição atmosférica, mudanças climáticas etc. Países com elevadas taxas de natalidade e de crescimento vegetativo de suas populações eram vistos como as principais ameaças da degradação e da catástrofe ambientais.

Esse pensamento foi parcialmente superado quando se começou a questionar se a diminuição do crescimento populacional promoveria a diminuição dos problemas ambientais. Inverteu-se, assim, a questão: de causa principal da degradação ambiental, a dinâmica demográfica foi sendo pensada como componente desse processo, como algo agravante dos problemas ambientais. Começou-se a perguntar não mais apenas em que medida a população influenciava no meio ambiente, mas de que modo os problemas ambientais influenciavam na dinâmica demográfica e populacional. Por exemplo, que papel tem a contaminação da água por falta de saneamento básico nas cidades na estrutura da população, na sua mortalidade ou expectativa de vida? Que impactos a diminuição/extinção de recursos (ou a perda de fertilidade) possui para as migrações?

Mesmo quando se afastam de visões neomalthusianas, as leituras que operam na chave da relação população-meio ambiente fazem uso de conceitos como o de impacto, risco e vulnerabilidade ambientais. Segundo Haroldo Torres,[20] o termo "impacto ambiental" surge em uma Resolução do Conama,[21] sendo para o autor um conceito restrito, pois circunscreve projetos e espaços delimitados que dificultam a análise dos múltiplos sujeitos e agentes, efeitos cruzados, fontes difusas e escalas da contaminação, por exemplo, nos espaços urbanos, de maneira que deve ser substituído pelo conceito de risco ambiental. Propõe-se, então, uma demografia de pequenas áreas: análises por setores censitários dos riscos ambientais[22] (foco na escala local) e fala-se também de desigualdade ambiental: determinadas minorias e grupos sociais empobrecidos apresentariam maior vulnerabilidade[23] ambiental, socioeconômica e civil.

Com o auxílio de Joan Martínez Alier[24] podemos distinguir algumas correntes no chamado ambientalismo/ecologismo: o culto à vida silvestre (apoiado na ideia de natureza intocada), o evangelho da ecoeficiência (apoiado nas ideias de desenvolvimento sustentável, modernização ecológica, economia ecológica (serviços ambientais, e assim por diante) e o ecologismo dos pobres (também referido como ecologismo popular, apoiado nas ideias de conflitos ecológicos distributivos, ecologia política e justiça ambiental). Destaquemos essas duas últimas perspectivas: a da ecoeficiência – sobretudo a sustentabilidade (urbana) – e a do ecologismo dos pobres – centrado no debate da justiça ambiental –, a fim de apontar alguns elementos da problemática socioambiental urbana.

Retomando uma análise muitas vezes geossistêmica e procurando equilibrar a economia, suas bases materiais, assim como buscando diminuir suas consequências socioambientais (e melhorar a "qualidade de vida"), as propostas de desenvolvimento sustentável são, segundo Arlete Moysés Rodrigues,[25] amiúde refratárias de uma visão de classes e de uma visão espacial. Em oposição a isso, partimos da hipótese de que o desenvolvimento sustentável mascara os fundamentos mais profundos da crise ambiental, ligados à natureza expansiva, ilimitada e destrutiva do capital no espaço planetário, da reprodução ampliada dos lucros que necessita de uma ampliação constante das bases materiais e de consumo de mais recursos,[26] sejam eles renováveis ou não.

O desenvolvimento sustentável se coloca como o que David Harvey[27] denomina de destruição criativa da Terra, a qual busca, a um só tempo, configurar-se como novo setor para a reprodução dos capitais – vide constituição de organismos, institutos de pesquisa/educação, linhas de financiamento e profissionais que prestam consultorias/serviços ligados à agenda ambiental, no plano de uma "modernização ecológica" ou de uma racionalidade econergética[28] – e lucrar com a destruição dos espaços causadas pelos desastres ambientais. Harvey[29] escreve que "[d]esastres ambientais criam oportunidades abundantes para um 'capitalismo do desastre' lucrar [...]", e isto, de acordo com o autor, torna-se possível, pois parte da população mundial já se tornou redundante e descartável aos objetivos da acumulação.

Além disso, David Harvey[30] destaca a tendência à monetização generalizada dos bens naturais comuns, o que significa torná-los mercadoria, propriedade privada, explorando, bem ao gosto do rentismo da financeirização atual, direitos de propriedade intelectual, patentes e outros instrumentos que reproduzem a mais-valia global também nos meandros socioambientais. Para o autor, o capitalismo usa sua relação metabólica com a natureza para ampliar sua reprodução crítica e impõe uma determinada representação sobre a natureza. Do ponto de vista urbano, o debate sobre as cidades sustentáveis tem significado, conforme Henri Acselrad,[31] deixar a cidade mais funcional para o capital, ou seja, minimizar as deseconomias de aglomeração e produzir uma imagem e um marketing ecológicos tornados vantagem comparativa entre cidades que disputam investimentos. Eis aqui um encontro entre o planejamento urbano estratégico e uma de suas estratégias: a construção do consenso acerca do meio ambiente urbano sustentável como oportunidade de novos negócios.

A perspectiva e as práticas atribuídas à justiça ambiental voltam-se, potencialmente, contra isso. Por certo não se pode ignorar que as pautas ambientais vêm se configurando como uma nova forma de luta social, inclusive nas cidades. Vazamentos e acidentes na indústria petrolífera e química, contaminação de terrenos urbanos por indústrias, morte de rios, lagos e baías, doenças e mortes causadas pelo uso de agrotóxicos e outros poluentes, expulsão das comunidades tradicionais pela destruição dos seus locais de vida e trabalho, carências de saneamento ambiental no espaço urbano são todas pautas que articulam o ambiental e o social com a mediação das lutas, resistências, transgressões.

Segundo Marcelo Lopes de Souza, o ranço biocêntrico e elitista[32] de termos como proteção ambiental e degradação ambiental – quem/o que se protege e se degrada? –, terminologias subjacentes à sustentabilidade, sublinham as responsabilidades imediatas (locais) e não as responsabilidades mediatas (os fatores de fundo, de longo prazo), o que resulta na culpabilização do morador da periferia, da área de risco ou de manancial, pela não preservação e pela degradação ambiental, pelos desastres ambientais dos quais, via de regra, eles mesmos são vítimas. Isso nos faz pensar, com o mesmo autor, que a questão ambiental urbana deveria incluir saneamento básico, saúde pública, e não apenas uma ecogeopolítica – discurso ecológico ligado à geopolítica urbana –, instrumento de remoções de populações em nome da preservação ou da sustentabilidade.

Em vista disso, o mesmo autor pergunta "[...] como combinar, de maneira não contraditória, os objetivos de proteção ambiental com a exigência de justiça social? [...]".[33] Com isso afirmamos, apoiados em Dirce Suertegaray,[34] que as questões ambientais traduzem-se como questões territoriais. Este tipo de questão pode situar o horizonte da reflexão sobre a justiça ambiental urbana nos termos de uma geografia urbana crítica e radical, a qual compreenderia, em consonância com David Harvey, que "[a] 'revolta da natureza' não é a de uma mãe natureza furiosa e atormentada [...]. Na verdade, trata-se de uma revolta de nossa própria natureza contra quem temos que nos tornar para sobreviver no ecossistema que o capital necessariamente constrói [...]."[35]

DIMENSÃO III: REPRESENTAÇÕES ESPACIAIS (DIÁLOGO COM AS CARTOGRAFIAS SOCIAIS)

Esta seção objetiva nuclear um debate entre perspectivas teórico-metodológicas mais ou menos identificadas enquanto geografias culturais e sociais (sobretudo fenomenológicas), pós-modernas (pós-estruturais, desconstrutivistas, movimentos multiculturais, pós/decoloniais) e nossa abordagem marxista-lefebvriana. Com efeito, a dimensão cultural vem sendo abordada desde muitos pontos de vista, inclusive, de modo crítico, o que não quer dizer que não haja também fortes tendências a hipostasiar e fetichizar a dimensão cultural, até mesmo no afã da negação de um economicismo e de um estruturalismo frequentemente atribuído ao marxismo – como se este fosse algo monolítico.

Para conduzir essa reflexão, vamos abordar os sentidos das cartografias sociais, tendo por mediação o conceito de representação, tal como tratado por Lefebvre.

Este autor trabalha, sobretudo no livro *A presença e a ausência*, com o conceito de representação, e logo de início esclarece que não se trata de abolir as representações, mas de resistir àquelas que nos fascinam, a fim de viver as representações que permitam explorar o possível, ou seja, criar espaços de representação contra aquelas representações que bloqueiam o possível, que o imobilizam ao se fixar como verdadeiras (ideológicas). Assim, ele as analisa como representações mais ou menos hegemônicas, não como verdadeiras ou falsas, e, acima de tudo, como uma presença que institui uma ausência, como algo que desloca, substitui, esconde, reduz, limita, traça uma média.

Podemos ler a cidade, a vida cotidiana e os conflitos socioespaciais (incluídos os socioambientais) também como fenômenos de linguagem, nos quais a comunicação permite que se discutam os referentes que balizam imagens, discursos, significados e significantes e que referem determinado sentido ao espaço e às práticas socioespaciais. Para Lefebvre, a representação é um conceito que integra discurso, simbologias e prática social, ela vem dos sujeitos sem se reduzir à subjetividade e tem uma objetividade sem se reduzir a coisas. Atentemos para a tríade lefebvriana: representações do espaço-espaços de representação-prática social, que ilumina outra tríade: espaço concebido-percebido-vivido. Tais tríades têm uma dimensão fenomenológica, semiótica e materialista. As representações do espaço se referem à concepção hegemônica, tecnocrática, do espaço, lido como algo abstrato, lógico, socialmente esvaziado, já os espaços de representação articulam prática social, cotidiano, vivido e percebido.

O espaço vivido não é sinônimo de espaço de representação. O vivido, na teoria lefebvriana, vai além da representação, pois contempla o irracional, o acaso, a cultura, a economia, a política. Então o vivido é atravessado por representações, pelo simbólico, mas contém o não representado e o que ainda não se faz totalmente representável, a virtualidade, a utopia. Os espaços de representação não são necessariamente edificações ou locais, mas relações sociais, práticas sociais que se realizam espacialmente. De acordo com Lefebvre, os espaços de representação são povoados de objetos, trajetos, projetos, ação em curso ou virtuais, são, em suma, formas de existência espacial e mental. Eles vão além dos tempos-espaços da vida cotidiana, incluem esses espaços – como a igreja, a casa, a rua, o bairro – mas, principalmente, sinalizam determinada forma de apropriação do espaço, uma apropriação diferencial, que possui uma potência de se contrapor às representações espaciais hegemônicas (aquelas do Estado e do capital).

Na tentativa de construção de outros e novos espaços de representação, que partam dos sujeitos, das comunidades e seus espaços vividos e percebidos – via de regra comunidades/povos tradicionais e originários: indígenas, ribeirinhos, quilombolas, entre outros –, delineiam-se mais recentemente uma série de propostas de pesquisa que vêm sendo denominadas de cartografias sociais (ou cartografias participativas, mapeamentos participativos ou comunitários). Elas expressam um envolvimento do sujeito/pesquisador com o objeto/pesquisado enquanto uma relação social de pesquisa, pesquisa participante ou pesquisa-ação, a qual contribui no sentido da horizontalização da produção do conhecimento, uma vez que parte de e valoriza os saberes populares e tradicionais.[36]

Considerando que os mapas integram a produção do espaço, enquanto representações cartografadas do espaço, então pensar a linguagem cartográfica pode ser um caminho para elucidar o sentido pelo qual o espaço urbano é lido, interpretado, comunicado, e serve, inclusive, para evidenciar conflitos representacionais. Com isso, debate-se em outros termos a cartografia, trazendo o embate entre técnica e linguagem, com mediações econômicas, políticas, culturais. Com efeito, o mapa não é só a representação do real, um suposto objeto empírico, exato, preciso, nem tampouco é apenas ideologia: ele se abre às representações e pode aparecer como um importante instrumento na construção da justiça espacial, ambiental, do direito à cidade.

As cartografias sociais emergem do embate entre a utilização da cartografia racional/oficial pelo Estado – visando ao controle e ao poder – e as contradições que dialetizam ou que podem dialetizar essa instrumentalização lógica e formal da cartografia. Desse modo, a pergunta que geralmente é feita nas abordagens críticas da cartografia social é: o que a representação cartográfica oficial (dos órgãos estatistas de gestão territorial) esconde? A resposta parece ser: a vida e as práticas cotidianas dos habitantes, ou seja, o espaço social, deslocado, abstraído. Outro questionamento possível é: de que modo a cartografia nos ajuda a construir uma geografia crítica e radical? São perguntas pertinentes sobretudo quando vivemos o domínio das geotecnologias tendencialmente isoladas enquanto técnica; de uma cartografia, afinal, sem geografia.

A questão da escala é fundamental para a construção de novos espaços de representação. Se a escala é uma relação de grandezas, ela é uma escala numérica, gráfica, mas é também uma escala analítica, qualitativa. Nessa acepção, a escala pode conduzir ao plano do lugar, pois ele revela a prática cotidiana enquanto espaço banal, escala onde se reproduzem alienações e também onde podem ser produzidas desalienações: movimentos de reunião e de encontro, resistências, possibilidades. Os mapeamentos comunitários são uma experiência de coletivização e socialização importante; assim a cartografia tem um papel central na produção de contrarrepresentações ou espaços de representações diferenciais, que constroem possibilidades de emancipação social a partir da elaboração de uma leitura alternativa e autônoma das práticas socioespaciais.

No entanto, essas propostas apresentam alguns riscos: o fetiche do "tradicional", a negação absoluta da cartografia formal-hegemônica (e com isso a perda da compreensão do mapa e das representações capitalistas), a institucionalização (participação social via Estado, ONGs, empresas), o pragmatismo "crítico" (negação da teoria) e a fragmentação e difusão das lutas. Por certo não ignoramos, uma vez mais, a multiplicidade de abordagens no interior das cartografias sociais, nem estamos a dizer, com esses riscos, que todas elas os apresentam ou os apresentam do mesmo modo. Julgamos, na verdade, necessário dialogar com tais perspectivas, que vêm ganhando relevância nas universidades, assim como em diversos organismos, governos e grupos sociais.

Nesse sentido, o risco de fetichizar as práticas e as representações socioespaciais tradicionais ocorre quando se desconsidera a historicidade de contato de povos e comunidades tradicionais com a sociedade e o Estado capitalistas, ou seja, quando se desconsidera as transformações históricas que determinado grupo social apresenta e que os distanciam de práticas puras. Persiste, além disso, o desafio de realizar a cartografia social em territórios não tradicionalmente ocupados, ou de identidades difusas, como no caso urbano, em que existe o contexto migratório, da mobilidade capital-trabalho, das ocupações urbanas. Dessa forma, é necessário problematizar perspectivas pós ou decoloniais, pois nessas abordagens arrisca-se um tipo de culturalismo geográfico, ou de um determinismo epistêmico-geográfico, que pode reificar o tradicional/originário como único lugar de fala/enunciação social teoricamente válido, obscurecendo, inclusive, o popular, a sociabilidade do homem simples, para lembrar José de Souza Martins.[37]

A cartografia social deve fornecer elementos de compreensão do "mapa capitalista", das categorias que o produzem: valorização do espaço, mercantilização da terra, dos recursos, pois o mapa capitalista é a representação da propriedade privada, da mercadoria, cuja clareza é central não apenas para uma transformação comunitária, já em si altamente relevante, mas para construir a utopia de outra sociedade. A troca de saberes deve resultar na construção de um aprendizado significativo, por parte das comunidades, da técnica, da geotecnologia, do georreferenciamento, com a preocupação do ensino de elementos cartográficos: escala, tipos de projeção, bi e tridimensionalidade, diferença de ponto, linha, área, legenda, orientação, coordenadas, entre outras. Sem esse aprendizado formal, a autonomia dos grupos será bastante fragilizada.

A "cartografia oficial" possui um incômodo ponto de convergência com a cartografia social: ambas são voltadas para serem aplicáveis, pragmáticas. Assim, a cartografia social não deveria ser vista – como muitas vezes o é – apenas como produção prática de um instrumento também prático de luta, mas igualmente como aprendizado teórico para os sujeitos sociais. Nessa direção, a teoria seria apropriada pelas comunidades, partiria da vida, mas não estaria ausente, nem seria uma finalidade desprezível de se alcançar, como tende a propugnar um "pragmatismo crítico" que a um só tempo se vale e rejeita a dimensão teórico-acadêmica.

O mapeamento comunitário não pode depender do Estado; deve ser feito através dele apenas como momento dialético de superação do mesmo. Se esse mapeamento começa e termina por dentro das estruturas do planejamento estatal – participativo –, então ele corre o risco de reproduzir a fragmentação do espaço e atender demandas parciais, que não se comunicam entre si e competem por recursos. Não deixa de chamar a atenção, também, o massivo financiamento nacional e internacional para projetos de cartografia social, pois muitas cartografias sociais estão bastante institucionalizadas, figurando na agenda de organismos que trabalham com uma perspectiva de desenvolvimento socioespacial bastante distinta das comunidades sobre (ou com) as quais vêm trabalhando, inclusive disseminando ideias como desenvolvimento sustentável ou educação ambiental. Isso demanda o esforço contínuo de pensar a participação social (aí incluída a cartografia social) enquanto participação popular não institucionalizada.

Por fim, há de atentar para o risco da fragmentação no plano das cartografias sociais, visto que a abundância de cartografias sociais indígenas (Guarani, Xavante, Bakairi, Bororo etc.), de cartografias sociais campesinas (retireiros, ribeirinhos, assentados), de cartografias sociais urbanas (sem-teto, moradores em situação de rua, pichadores etc.) apontam, além de uma multiplicidade, a pergunta: contra o que elas se voltam? Os mapeamentos revelam uma parte das representações espaciais e dos espaços de representação em luta, mas o fragmento (um determinado grupo social) deve esclarecer e buscar superar o movimento de totalização capitalista como representação da mercantilização do mundo. Pensar em novos espaços de representação fechados, isolados, nos encaminha para concessões parciais, sem mudanças amplas e profundas.

CONSIDERAÇÕES FINAIS

Este capítulo levantou, a partir das dimensões socioespaciais, socioambientais e representacionais, alguns conflitos e contradições localizadas no plano teórico-prático e nos níveis político, econômico e social. A partir da consideração daquelas dimensões e do movimento dos níveis (econômico, político, social) na reprodução da realidade urbana, apontamos algumas possibilidades analíticas para enfrentar tais problemáticas a partir da perspectiva particular marxista-lefebvriana.

Assim, vimos que, do ponto de vista de nossa abordagem, a dimensão dos conflitos socioespaciais coloca a tarefa metodológica de lidar com as contradições urbanas, com a escala da produção do espaço pelos sujeitos sociais. Tal procedimento atenta para as relações político-econômicas e suas novas complexidades socioespaciais, que nos fazem problematizar a governança e o planejamento urbanos, seus conteúdos atuais, como por exemplo suas vinculações financeiro-rentistas. A acumulação financeiro-rentista-imobiliária possui implicações socioespaciais profundas, pela expropriação fundiária que supõe, empresariando o cotidiano, eliminando formas de posse e de propriedade coletiva, levando à generalização da forma-propriedade privada via mercado imobiliário formal, como vimos anteriormente.

Esse caráter conflituoso estende-se à dimensão socioambiental, a qual aporta elementos importantes para a teoria e a prática socioespaciais urbanas e rurais. A questão ambiental é um poderoso álibi, seja para as estratégias hegemônicas, seja para as táticas de resistência, e a estas últimas se articulam diferentes teorizações e conceitos, tais como desenvolvimento sustentável e economia ecológica, de um lado, e, de outro, ecologia política e justiça ambiental. A análise crítica das relações socioambientais passa pelo seu entendimento enquanto relações socioespaciais e/ou socioterritoriais, logo são relações necessariamente conflituosas, o que permite também entendê-las de modo articulado à primeira dimensão analisada, a dos conflitos socioespaciais.

A essas duas dimensões podemos integrar aquela das representações espaciais, também estratégicas e táticas, ligadas aos sujeitos da produção do espaço (urbano e rural) e que permitem articular dimensões culturais e simbólicas às duas outras. As dimensões dos conflitos socioespaciais e socioambientais estão plenamente presentes e se manifestam na forma de conflitos representacionais, ou seja, no modo como diferentes sujeitos e agentes fazem valer suas cartografias, sua semiologia, sua linguagem, enfim, suas representações, nas quais o espaço aparece como um elemento-chave.

A exigência do método coloca a tarefa de pensar caminhos e possibilidades de superação teórico-prática das situações analisadas. Diante disso, trouxemos o caso das ocupações, que, como vimos, é uma condição do processo de apropriação do espaço, é um fundamento das lutas. O ato de ocupar, na condição de tática de resistência, estabelece uma ruptura no cotidiano, na sua espaço-temporalidade, na normalidade do funcionamento das coisas. É, enfim, um momento de elevação acima da cotidianidade[38] e expressa um momento de necessidades radicais. As ocupações integradas de espaços e órgãos públicos possuem o simbolismo de negar a centralidade do poder ou do dinheiro, reinstituindo a centralidade social, lúdica, do espaço, como manifestação prática, concreta, de um sentido novo da política que se perdeu: o sentido da política emanando do espaço público, da sociedade exercendo sua cidadania.

Nas ocupações urbanas de terrenos, novas práticas coletivas, formas de sociabilidade, podem florescer, mesmo que no limite da pobreza. Durante certos períodos, apresentam-se como espaços de experimentação de práticas comuns: assembleias, mutirões, formação política, redes novas de relacionamentos. Sendo espaços ricos em experimentações, as ocupações são também ricas em contradições: o desejo de integração ao Estado, ao sistema habitacional e à legalidade, como também o fato de que são disputadas pelo tráfico de drogas, pelos clientelismos políticos, pelas igrejas.

Tenta-se a todo custo neutralizar as contradições e os conflitos socioespaciais que elaboraram e elaboram movimentos de luta instituidoras de identidades comuns, de ações coletivas, de espaços de politização, em suma, de cotidianidades menos integradas e programadas. A (re)imposição da forma hegemônica da propriedade, do poder e da mercadoria nos espaços e edificações ocupados é realizada por meio da violência: bombas, cassetetes, balas de borracha têm como objetivo ferir o corpo – obstáculo a ser desalojado – em um contexto de militarização e criminalização crescentes dos conflitos urbanos. As ocupações, seja do IPHAN, seja da Funai, seja do Ministério das Cidades ou do Desenvolvimento Agrário presentificam o direito à cidade e o reposicionam no debate social, pois não remetem a um conteúdo a ser alcançado alhures, mas a um conteúdo que se presentifica no urbano. O direito à cidade e a revolução urbana significam que, por meio da prática espacial, revoluciona-se (ou pode-se revolucionar) as relações sociais, revertendo a dominação por um outro e novo uso, inusitado, ousado, criativo.

O conjunto de questões tratado neste texto impõe ao pensamento urbano dialético, crítico e radical, o enorme desafio de projetar outros futuros e se articular às lutas contra o projeto da sociabilidade capitalista, o qual produz um espaço urbano, uma ecologia e uma representação hegemônicos e excludentes. Essa sociabilidade não converge para um projeto civilizatório, e, por isso, deve ser urgentemente superada.

Notas

1 Parte das reflexões deste capítulo originou-se de arguições em bancas de trabalhos de conclusão de curso, de dissertações e teses, bem como de qualificações e aulas. Agradeço, portanto, a todos os estudantes que estimularam muitas das ponderações ora sistematizadas.

2 Movimentos que, aliás, são muitos: renovação da geografia tradicional (clássica) pela nova geografia (que é a geografia pragmática, quantitativa, neopositivista, teorética); renovação dessa nova geografia pela geografia ativa (de Pierre George, Guglielmo, B. Kayser) e pela geografia crítica e radical (geografia crítica de orientação sobretudo francesa e geografia radical nos EUA, das quais fazem parte importantes autores como D. Harvey, J. Dresch e Y. Lacoste). Mais alguns autores podem, ainda, ser lembrados nessa última renovação: N. Smith, E. Soja, R. Peet, D. Massey e, no Brasil, M. Santos, A. U. Oliveira, J. W. Vesentini, R. Moreira, A. F. A. Carlos.

3 Por exemplo, as descrições, usuais na geografia tradicional, se pensadas como descrições problematizadas da realidade, permitem apreender certas dimensões do objeto: espaços-tempos, aspectos lógico-formais, magnitudes.

4 Em texto disponibilizado na sua página na internet, então hospedada em <www.geocritica.com.br>. Acesso em: abr. 2016.

5 Calvino, 1991, pp. 14-5.

6 Pela perspectiva sistêmica, a incorporação de contradições parece ser dificultada pela perspectiva sistêmica, pois ela opera com uma noção de totalidade igualmente sistêmica, que tende a considerar os graus/intensidades de realização de um fenômeno. Embora admita conflitos, tal perspectiva os trata como desequilíbrios, deficiências ou atrasos/estágios em sua realização.

7 Em que pese certa generalização das diferenciações internas ao marxismo, Jessé Souza escreve que "[as] classes sociais só podem ser adequadamente percebidas [...] como um fenômeno, antes de tudo, sociocultural e não apenas econômico. Sociocultural posto que o pertencimento de classe é um aprendizado que possibilita, em um caso, o sucesso, e, em outros, o fracasso social [...]." (2017, p. 88) Trata-se de formulação que auxilia na complexização da discussão das classes sociais.

8 Ajzemberg, 2013: 7.

9 A esse respeito podemos mencionar as ideias de Alysson Mascaro (2013), que explicita que a forma Estado é uma forma de organização político-jurídica intrinsecamente ligada ao desenvolvimento do capitalismo. Sendo o Estado uma forma política especificamente capitalista, necessária à realização da forma mercadoria e sua forma de trabalho correspondente, ele se coloca como um "terceiro" na relação entre capital-trabalho, o que garante a dominação do capital sobre o trabalho. Isto é possível pelo desenvolvimento de formas tais como o domínio indireto e a subjetividade jurídica, por exemplo.

10 Souza, 2011.

11 Não excluídas da economia política local dessa urbanização as relações entre famílias, grupos, empresários e membros dos poderes Executivo, Legislativo, Judiciário e militares.

12 Leda Paulani vem discutindo com muita pertinência o modelo econômico rentista como aquele centrado não nos rendimentos derivados das atividades produtivas, mas sobretudo nos rendimentos derivados da propriedade: de ativos, marcas (ativos intangíveis), patentes, imagens, entre outros.

13 Cf. Souza, 2015.

14 Suertegaray, 2014.

15 Souza, 2015.

[16] Suertegaray, 2014, p. 3.
[17] Rodrigues, 1998.
[18] Swyngedouw, 2009.
[19] Data de 1972 a Conferência das Nações Unidas sobre o Ambiente Humano, em Estocolmo.
[20] Torres, 2006.
[21] Resolução 001/86 do Conselho Nacional do Meio Ambiente (CONAMA), que institui o instrumento do EIA (Estudo de Impacto Ambiental) e o RIMA (Relatório de Impacto de Meio Ambiente).
[22] Haroldo Torres (2006) afirma que os riscos foram apropriados para a reprodução do capital, seja por meio de seguros, seja pela produção de artefatos para a prevenção de ações de risco ou perigo. Assim, os riscos ambientais urbanos podem ser previstos, calculados, minorados ou majorados, sendo, portanto, desiguais.
[23] Em grande parte da literatura, vulnerabilidade é definida como exposição maior ou menor ao risco, no caso, ao risco de algum desastre ambiental. Ela está ligada à renda, mas também a uma estrutura de auxílios familiares e à inserção em movimentos reivindicatórios. Para Kowarick (2002), a vulnerabilidade socioeconômica é a situação de desproteção em relação a trabalho, saúde, saneamento, educação e outros direitos básicos da cidadania, ao passo que a vulnerabilidade civil remete à integridade física das pessoas: desproteção em relação às violências (de bandidos e da polícia), homicídios, roubos, espancamentos, extorsões, humilhações.
[24] Martínez Alier, 2017.
[25] Rodrigues, 1998.
[26] A contradição entre a reprodução ilimitada do capital e os recursos naturais faz surgir léxicos como escala ótima, capacidade de carga/suporte (do planeta, da cidade etc.), ligados ao mantra da sustentabilidade.
[27] Harvey, 2011.
[28] Para Henri Acselrad (2009), essa racionalidade ecoenergética contribui para instituir uma representação técnico-material das cidades, na qual ganham peso as novas tecnologias que pretendem dar eficiência aos fluxos de matéria e energia, articulando soluções nos âmbitos da educação ambiental, da construção de ciclovias, das economias da reciclagem etc., sempre tendo o mercado como o instrumento da ecoeficiência.
[29] Harvey, 2016, p. 232.
[30] Harvey, 2016, *passim*.
[31] Acselrad, 2009.
[32] Souza, 2015.
[33] Idem, p. 241.
[34] Suertegaray, 2014.
[35] Harvey, 2016, p. 242.
[36] Segundo Marilena Chauí (2014), o saber está ligado a uma experiência, a um trabalho vivo que traz sentido e indeterminação à ciência, pois o saber é aberto, é processual, é portador de conflitos. O risco do saber, que é o risco da indeterminação, é algo com o qual a ideologia positivista científica hegemônica das classes capitalistas não consegue lidar, ou seja, com a imprevisibilidade de trabalhar com os sujeitos sociais comunitários e, partir daí, fazer surgir um conhecimento social novo, inesperado.
[37] Martins, 2008.
[38] Cf. Agnes Heller, 2014.

Referências bibliográficas

ACSELRAD, H. Sentidos da sustentabilidade urbana. In: ACSELRAD, H. (Org.). *A duração das cidades*: sustentabilidade e risco nas políticas urbanas. Rio de Janeiro: Lamparina, 2009.

AJZENBERG, A. "Nova cidadania *or not* cidadania". *Revista Mato-Grossense de Geografia*. Cuiabá, n. 16, jan./jun. 2013, pp. 3-17.

CALVINO, I. *As cidades invisíveis*. São Paulo: Companhia das Letras, 1991.

CHAUÍ, M. *Cultura e democracia*. São Paulo: Cortez, 2014.

ESTÉBANEZ, J. *Tendencias y problemática actual de la Geografía*. Madrid: Cincel, 1983.

FOUCAULT, M. *Segurança, território, população*. São Paulo: Martins Fontes, 2008.

GOHN, M. G. *Movimentos sociais e redes de mobilizações civis no Brasil contemporâneo*. Petrópolis: Vozes, 2013.

HARVEY, D. *O enigma do capital*. São Paulo: Boitempo, 2011.

______. *17 contradições e o fim do capitalismo*. São Paulo: Boitempo, 2016.

HELLER, A. *O cotidiano e a história*. São Paulo: Paz e Terra, 2014.

KOWARICK, L. "Viver em risco: sobre a vulnerabilidade no Brasil urbano". *Novos Estudos Cebrap*. n. 63, jul. 2002, pp. 9-30.

LEFEVBRE, H. *La presencia y la ausencia*: contribución a la teoría de las representaciones. México: FCE, 2006.

______. *Vida cotidiana no mundo moderno*. São Paulo: Ática, 1992.

LOWY, M. *As aventuras de Karl Marx contra o Barão de Münchhausen*. São Paulo: Cortez, 2003.

MARTÍNEZ ALIER, J. *O ecologismo dos pobres*. São Paulo: Contexto, 2017.

MARTINS, J. de S. *A sociabilidade do homem simples*. São Paulo: Contexto, 2008.

MASCARO, A. L. *Estado e forma política*. São Paulo: Boitempo, 2013.

PAULANI, L. "Acumulação e rentismo: resgatando a teoria da renda de Marx para pensar o capitalismo contemporâneo". *Revista de Economia Política*. v. 36, n. 3 (144), jul.-set./2016, pp. 514-35.

RODRIGUES, A. M. *Produção e consumo do e no espaço*: problemática ambiental urbana. São Paulo: Ed. do Autor, 1998. Disponível em: <http://www.dominiopublico.gov.br/download/texto/ea000113.pdf>. Acesso em: jan. 2018.

SOUZA, J. *A elite do atraso*. Rio de Janeiro: LeYa, 2017.

SOUZA, M. L. *Mudar a cidade*. Rio de Janeiro: Bertrand Brasil, 2011.

_____. *Dos espaços de controle aos territórios dissidentes*. Rio de Janeiro: Consequência, 2015.

SUERTEGARAY, D. M. A. *Geografia e ambiente*: desafios ou novos olhares. *Revista Mato-Grossense de Geografia*. Cuiabá, v. 17, n. 1, jan./jun. 2014, pp. 3-14.

SWYNGEDOUW, E. A cidade como um híbrido: natureza, sociedade e "urbanização-ciborgue". In: ACSELRAD, H. (Org.). *A duração das cidades*: sustentabilidade e risco nas políticas urbanas. Rio de Janeiro: Lamparina, 2009.

TORRES, H. G. A demografia do risco ambiental. In: TORRES, H.; COSTA, H. (Orgs.). *População e meio ambiente*: debates e desafios. São Paulo: Editora Senac, 2006.

ESCALAS GEOGRÁFICAS: INSTRUMENTO DE OBSERVAÇÃO OU OBJETO DA INVESTIGAÇÃO?

César Simoni Santos

Desde meados do século passado, o problema da escala se tornou um nó no desenvolvimento do pensamento geográfico. Isso não significa que o debate suscitado pela problemática não tenha contribuído para avanços na Geografia e em outros ramos do conhecimento. Aliás, trata-se de um bom exemplo de como a falta de consenso pode ser, em grande medida, uma oportunidade para o aprimoramento de categorias.

Inicialmente, na Geografia, o incômodo com uma identificação imediata do conceito de escala à sua dimensão geométrico-cartográfica ajudou a promover o trabalho de busca por uma noção mais ajustada às expectativas de uma disciplina que trata os fenômenos espaciais para além da possibilidade de sua representação. Sucessivas tentativas procuraram, então, vincular a noção de escala a um universo conceitual mais complexo que aquele definido, normalmente, por uma operação matemática de cunho essencialmente reducionista.

Jean Tricart, em *La géomorphologie et la notion d'échelle*, de 1952, foi um dos primeiros a procurar explicitamente uma forma de vinculação da escala à dimensão real dos fenômenos estudados. Essa iniciativa normalizou os termos do debate primeiramente na Geografia física. Uma referência de vulto semelhante para a introdução da problemática no âmbito da Geografia humana somente apareceu na França em 1969, com Roger Brunet, em seu artigo "Le quartier rural, structure régionale". A expectativa de conceitualizar uma noção de escala propriamente geográfica, marcando a insuficiência do arcabouço geométrico-cartográfico, deu origem a uma diversidade considerável de concepções sobre o tema, a propósito da qual é preciso, ainda, algum esforço de classificação.

Hoje, a classificação mais geral sobre o problema da escala, tendo superado os embates que ocorreram em torno da prevalência do parâmetro geométrico-cartográfico, polariza-se em torno de abordagens definidas em dois campos distintos: um de perfil marcadamente epistemologizante e outro que será abordado aqui pela perspectiva intitulada "crítico-realista".[1]

No primeiro caso, a escala é tratada como um dado pertinente ao campo do método e, portanto, das formas de apreensão do real: um instrumento de análise e observação. É possível registrar alguma aproximação entre essa concepção do fenômeno escalar e a orientação de algumas correntes do pensamento geográfico que tendem a encarar a realidade e o mundo exterior à consciência como inapreensíveis em si mesmos ou incognoscíveis em sua complexidade. Para muitas dessas correntes, o conhecimento, que dificilmente ousa avançar sobre as entranhas do real, permanece às voltas com o universo do percebido e as formas de intelecção da realidade, de modo que frequentemente a escala é considerada mais um recurso de precisão e definição do olhar do que um dado da própria realidade. Nesse campo de aproximações, a escala pode até abandonar o universo do pesquisador, mas não chega a escapar de seu encarceramento no plano das ideias.

No segundo caso, o da chamada abordagem crítico-realista, a escala aparece como um dado e uma dimensão que é própria da realidade e dos processos observados pela ciência. Nessa perspectiva, mais do que um recurso para a observação e representação do mundo objetivo, o conhecimento da escala remete a uma dimensão própria da dinâmica do objeto e dele inseparável. No âmbito da geografia, a influência da tradição materialista e dialética foram, em certa medida, determinantes para a emergência dessas concepções.

A FISSURA DO CÍRCULO EPISTÊMICO DA ESCALA CARTOGRÁFICA

Iluminando algumas linhas de tensão, tornou-se frequente o recurso à diferenciação entre a noção de escala que se origina na confecção e leitura de mapas e o sentido assumido pelo termo no dimensionamento dos fenômenos ou processos que, de forma mais corrente, aparecem também no universo do senso comum. Configurou-se, assim, uma intenção de dar destaque à especificidade do que seria uma escala efetivamente geográfica diante da forte e, por isso, problemática presença da escala geométrico-cartográfica como horizonte exclusivo desse universo conceitual. Os argumentos forjados nesse contexto, com alguma recorrência, partem da necessidade de caracterização dos diferentes sentidos do termo, acusando a geografia de ter se apegado a uma conceituação que lhe é estranha e que, por isso, seria limitadora das possibilidades de avanço na interpretação do real. A elucidação dos limites de um conceito matemático ligado à produção de uma representação que, apesar de muito útil em vários aspectos, não acompanha as necessidades de tratamento de uma realidade diversa e dinâmica constituiu o ponto de partida dessa intenção.

Para que se entenda esse ponto de partida, o exemplo mais frequente, talvez porque seja também pleno de intenções pedagógicas, tem sido aquele que traz uma indagação a respeito do emprego dos termos "grande escala" e "pequena escala" para caracterizar as dimensões de um fenômeno espacial qualquer. Segundo o princípio da escala expressa nos mapas, para representar uma grande extensão seria adequado utilizar a "pequena escala" e para observar os detalhamentos de um objeto de menores dimensões, por sua vez, a "grande escala" seria a mais apropriada. Contudo, frequentemente nos referimos à dimensão das coisas a partir de uma outra noção de escala. Isso é o que aparece, por exemplo, quando falamos em exportação, migração, comércio ou produção em grande escala. Nesse caso, a escala assume uma correlação diretamente proporcional às dimensões do fenômeno, gerando uma confusão entre os sentidos do emprego do termo (e até mesmo certa cacofonia) no debate acadêmico. A vontade de "limpar o meio de campo" passou, então, pela expectativa de criar ou fortalecer um conceito efetivamente geográfico de escala que se diferenciasse do conceito veiculado pela cartografia. No entanto, o que frequentemente é chamado de escala geográfica tem um sentido próprio para cada uma das correntes que se propõem a percorrer essa trajetória de depuração conceitual. Para muitas delas, pelo nível de generalização e imprecisão do conceito pretendido, o distanciamento do aparato geométrico-cartográfico conduziu a uma dessubstancialização avessa a uma nova conceptualização ou então não foi concluído, rompendo só aparentemente com essa *doxa* da tradição do pensamento geográfico.

Essa história tem início nos anos 1950 e esse é o momento em que "a escala se torna visível", ou seja, quando a escala é tirada de sua condição de "instrumento técnico secundário" para emergir como "um componente da reflexão teórica".[2] Nesse momento, isso ocorre com maior evidência no campo da geografia física, sobretudo a partir da influência do trabalho pioneiro de Jean Tricart em *La géomorphologie et la notion d'échelle*, publicado pela primeira vez na *Revue de Géomorphologie Dynamique*, em 1952. A mesma tradição que já dividia o pensamento geográfico entre uma Geografia humana prioritariamente descritiva e uma Geografia física que se conformava a partir de sua maior inclinação às teorias de perfil nomotético, também delegou prioridade a esta última para uma reflexão conceitual que mantinha um poder de influência sobre toda a disciplina.

Para Tricart, a escala, que mantinha até então uma função estritamente instrumental, passa a designar um nível de observação pertinente, referindo-se, portanto, ao objeto de conhecimento. O quadro taxonômico dos níveis de observação de Tricart é exemplar a esse respeito. Nele, Tricart correlaciona a escala, a dimensão e os fenômenos a partir de um tipo de associação ideal entre eles, de forma que a escala de observação deixa de ser indiferente ao conteúdo observado. Por exemplo, nas escalas de 1/1.000, associadas às "formas métricas", deveriam ser observados os "solos poligonais", os "escorregamentos" e as "ravinas". Na escala de 1/100.000, associada às "formas hectométricas", observam-se os "vales", as "bacias" e os "escarpamentos". E, na escala de 1/10.000.000, associada às "formas miriamétricas", priorizam-se os "sistemas montanhosos", como os Andes. Esse tipo de associação e correlação entre os fenômenos e as escalas, que chega a dar maior precisão ao uso do recurso conceitual da escala e o retira do campo exclusivo das técnicas matemático-cartográficas, é um elemento novo na história do pensamento geográfico da época.

O debate sobre a escala na geografia prossegue com o artigo "Paysage et géographie physique globale", de Georges Bertrand, publicado em meados da década de 1960. Neste trabalho, contudo, o autor não avança muito além do que Tricart já havia feito no campo da elaboração de uma nova concepção de escala. O trabalho de Bertrand se concentrou mais num tipo de refinamento da taxonomia das escalas espaço-temporais que Tricart havia elaborado, incluindo também em seu quadro os fenômenos pertinentes à climatologia e à biogeografia.

Dada a situação já bastante hierarquizada e bem dividida entre as especialidades das ciências da natureza – a necessidade de "demarcação" de seus campos de interesse, de seus objetos específicos e dos limites pertinentes a cada qual dessas especialidades –, a noção de escala começa a assumir um significado essencial e diferente daquele que até então se mantinha como uma espécie de concessão das técnicas matemático-cartográficas e do qual a Geografia havia feito uso quase que exclusivo até o momento. Nesse novo sentido, "a escala remete à ideia de 'domínios de observação' incomensuráveis, dado que as vias para abordá-los diferiam radicalmente".[3] Esse mesmo sentido no emprego da noção de escala continuou sua trajetória e foi restaurado muito recentemente no contexto da chamada ciência pós-moderna, sobretudo nos campos da Física e da Química contemporâneas.

Em 1969, Roger Brunet, em seu artigo "Le quartier rural, structure régionale", publicado na *Revue de Géographie des Pyrénées et du Sud-Ouest*, espera poder ampliar as conquistas da Geografia física para um quadro mais amplo do conhecimento geográfico que pretendia incluir também a Geografia humana. Ao observar os avanços das taxonomias de Tricart e de Bertrand, ele reconhece que essas conquistas, ainda demasiadamente atadas ao contexto epistemológico da Geografia física, poderiam ser estendidas de forma mais adequada para os estudos regionais. No entanto, ao empreender essa tentativa, ele restaura de forma relativamente acrítica um antigo conceito-mestre da Geografia humana: a região e o invólucro regional tal qual eles figuravam nas monografias da primeira metade do século. Assim, a diversidade de escalas que aparece em seu quadro subordina-se a uma taxonomia de afirmação do quadro regional. O que deverá ficar desse trabalho para as futuras reflexões são as estruturas relacionais que transformaram a região em um "sistema de relações". Mas, se desse trabalho, "de um certo ponto de vista, podemos dizer que ele está na origem de uma assimilação dos 'escalões' às 'regiões', conferindo aos primeiros um caráter substancial [...], de um outro ponto de vista, diferentemente de J. Tricart, ele não sustentou um aprofundamento do discurso positivo sobre as escalas de observação",[4] ratificando a ideia de uma grandeza estável.

Além da confusão que a forte presença de uma concepção de escala advinda do arcabouço matemático-cartográfico pode ter gerado entre os geógrafos, a perspectiva de superação dos limites dessa influência pela busca de um parâmetro escalar efetivamente geográfico, a partir da definição de unidades geográficas de base, também colapsou. A expectativa de criar parâmetros estáveis mais ou menos gerais e comuns a partir da definição das escalas local, regional ou mundial não durou muito tempo e a circulação desses termos foi mantida enquanto desidratavam e perdiam potencial explicativo. Ou seja, se essas noções que vinculam a escala a recortes espaciais rígidos foram e continuam sendo utilizadas é porque a precisão conceitual foi se diluindo ao procurar absorver os ajustes promovidos por uma implacável e cambiante dinâmica espacial. Com isso, aquele produto conceitual acabou perdendo parte de sua utilidade como parâmetro comum e universal no diálogo inter e intradisciplinar.

Muitos atribuem a perda de substância e a falta de precisão escalar própria da associação aos conceitos e unidades elementares da Geografia à imprecisão conceitual resultante de uma certa indisciplina da comunidade científica. A perspectiva advogada aqui, no entanto, aposta na ideia de que, se efetivamente há uma flexibilização conceitual ligada à definição dessas unidades básicas, que relativiza e adapta o parâmetro escalar no interior de cada ordem dessa taxonomia, como o local e o regional, redefinindo-o igualmente, ela é o resultado necessário de modificações concretas nos arranjos escalares da própria realidade em movimento, e, portanto, é mais a consequência e o produto desses sucessivos redimensionamentos objetivos que a sua própria causa.

Em 1970, em *L'espace géographique*, e em 1971, em *L'analyse géographique*, Olivier Dollfus agita a relativa monotonia do debate sobre a escala sugerindo a necessidade de análise de um mesmo fenômeno geográfico a partir de diversos níveis de observação simultaneamente. Isso pôde ser realizado a partir daquilo que ele mesmo chamou de "transferência de escala" (*transfert d'échelle*). Sua intenção era menos privilegiar as articulações interescalares do que transformar a descontinuidade entre elas em paradigma metodológico, isto é, consistia na elaboração de um método de observação que levasse em conta a utilização de cartas em diversas escalas. Contudo, se por um lado a escala surge como elemento determinante no processo analítico e na interpretação do fenômeno, por outro ela aparece como um dado exclusivamente metodológico e sem relação com o objeto e a dinâmica concreta da realidade em análise.

A perspectiva multiescalar traz, nesse caso, duas armadilhas articuladas que mantêm a concepção de escala presa ao universo epistemológico. Ou seja, configura um duplo bloqueio que impede a consideração da escala como um dado ou uma dimensão do real: em primeiro lugar, a perspectiva multiescalar parte da pressuposição de que as grandezas escalares são aprioristicamente fixas e predeterminadas não pelo objeto em questão. Em segundo, essa perspectiva entende que a escala é um dado relativo e pertinente ao método, ao instrumento ou ao procedimento do pesquisador. Em suma, por assim dizer, caberia ao pesquisador recorrer a um conjunto de dimensões escalares predefinido metodologicamente para aplicar na análise de seu objeto, uma vez que, dessa perspectiva, este é desprovido de uma dimensão escalar própria e específica. Essa concepção é herdeira da antiga confusão entre a noção de escala que deriva da concepção matemático-cartográfica própria da atividade instrumental de produção e leitura de mapas e aquela que vinha assumindo contornos mais expressivos na Geografia desde a reflexão primordial de Jean Tricart.

O elemento adicional nessa perspectiva é o fator relacional. Essa "novidade" trazida à luz pela perspectiva multiescalar permitia a observação do mesmo fenômeno de diversos "pontos de vista" simultaneamente. A noção de que, ao modificar a escala de observação, novos conjuntos de determinação se exibiam ao observador cativou pesquisadores e correntes de diversos outros campos disciplinares. Seja como metáfora, seja como procedimento, a perspectiva multiescalar invadiu o discurso das ciências humanas em diversos níveis. O fator relacional, no entanto, manteve-se preso, nessa abordagem, a uma orientação epistemológica que amarrava a diversidade simultânea de escalas não ao objeto, mas aos recursos da intuição, do sujeito do conhecimento, para a observação e apreensão dos fenômenos. Apesar dos avanços promovidos a partir do desenvolvimento desse "suporte" metodológico, é inegável que ele tenha desviado novamente a atenção do debate sobre a escala do plano do real e do concreto para o plano do método e da intelecção.

Quando Olivier Dollfus, em *L'Analyse Géographique*, busca encontrar a escala "ideal" para a análise geográfica, retrocedendo, portanto, em relação ao avanço da perspectiva analítica multiescalar, ele volta ao plano das taxonomias de Bertrand e Brunet, fixando um padrão escalar próprio ao estudo de determinados fenômenos que igualmente aparece como um dado do problema metodológico. Além disso, o tratamento estritamente epistemológico direcionado à questão é reforçado e aparece, nessas ocasiões, principalmente quando a escala considerada adequada se justifica pelas prerrogativas da intuição e da posição do sujeito na relação do conhecimento. A identidade entre o subjetivismo relativista, próprio do momento de emergência do paradigma fenomenológico nas ciências humanas, e a abordagem epistemológica já aparece de forma não declarada, apesar da amplitude de difusão e da pequena contestação que a versão instrumental do conceito de escala admitiu. Um caso emblemático a esse respeito é o de Yves Lacoste, que, ainda que longe do entusiasmo com os ingredientes e o prenúncio das abordagens fenomenológicas, lida com uma concepção epistêmica de escala.

O PROBLEMA DA ESCALA NUMA GEOGRAFIA PARA FAZER A GUERRA

Em *A geografia: isso serve, em primeiro lugar, para fazer a guerra*, ao voltar seus esforços para um determinado sentido da *práxis*, Lacoste acessa o mundo real e (dialeticamente) exterior ao universo do pesquisador. Ao operar a torção radical da pergunta que a Geografia dirigia a si própria, substituindo o crivo autorreferenciado do legado positivista (presente nas perguntas sobre "qual o objeto da Geografia?" ou sobre "o que define a Ciência Geográfica?") pelas questões "para que serve a Geografia?" ou "qual é a sua função social?", Lacoste transforma o elemento paradigmático da disciplina, evitando o ardil positivista do objeto específico de estudos.[5] Desse modo, ele também sela seu compromisso com a objetividade do fato social definido para além dos horizontes do estatuto espistemológico da Geografia. A perspectiva crítica com relação ao significado social da disciplina e a atuação desse "princípio de realidade", no entanto, não modificaram, no essencial, a relação que sua proposta mantinha com a produção do conhecimento. Se, por um lado, Lacoste, no texto de 1976, engrossava o coro da revolução proporcionada pelo advento da "Geografia ativa", por outro, essa orientação, que apontava para a prática como elemento central de um determinado sentido do saber, não trazia consigo o mesmo potencial crítico em relação ao processo de produção do conhecimento, ao menos no que diz respeito à concepção de escala.

Ao apontar a despolitização do discurso geográfico universitário e escolar, que cediam à pretensão de, por esta via, galgar novas posições em termos de cientificidade, Lacoste objetivava demonstrar o conteúdo altamente estratégico do uso das representações espaciais por parte dos órgãos estatais, militares e de planejamento. O descritivismo e a compartimentação dos estudos na vida acadêmica, além de tornarem a Geografia uma disciplina enfadonha e sem interesse, significavam a recusa de um pensamento crítico e, sobretudo, do reconhecimento do conteúdo estratégico que estava associado à ciência espacial fora do âmbito universitário e escolar. A saída vislumbrada por Lacoste foi a reivindicação por parte da disciplina do acesso às cartas, do conhecimento para produzi-las e interpretá-las e de uma instrumentalização desse saber que se colocasse do lado dos professores, dos alunos e de toda a população com vistas à ação prática desses grupos contra um regime de opressão e de dominação que se estendia à sombra da ignorância generalizada. O reconhecimento dos conteúdos estratégicos e a democratização desse saber aparecem como algumas das principais reivindicações do livro. Emerge, no entanto, o paradoxo.

O clamor pelo conhecimento, pelo acesso à informação geográfica retida nas mãos dos dirigentes e dos órgãos de inteligência estatais, não é acompanhado pelo questionamento do modo em que tais saberes foram produzidos e das concepções que lhes são subjacentes. O simples acesso ao material e ao conhecimento, para deles tentar tirar proveito, não é suficiente para superar os limites que são próprios das concepções incrustradas na produção desse saber e desses materiais. A perspectiva renovadora e, em certa medida, revolucionária de Yves Lacoste, presente no trabalho de 1976, projeta-se, assim, mais para fora do arcabouço teórico conceitual da disciplina. Isso exige um novo posicionamento da Geografia face às questões sociais e impulsiona o reconhecimento de uma dimensão exterior ao campo metodológico, mas não indaga com o mesmo vigor o modo de produzir esse conhecimento, correndo o risco de permanecer num registro conservador em relação a aspectos do método e a alguns conceitos tradicionais da "geografia dos Estados-maiores". Trata-se, portanto, de algo que está na base das limitações da noção de escala mobilizada pelo autor.

Nesse contexto, a crítica de Lacoste reitera alguns parâmetros de uma concepção de escala que não ultrapassa os limites verificados como sendo próprios da herança geométrico-cartográfica. No bojo da demanda pelo acesso ao conhecimento produzido estrategicamente pela "geografia dos Estados-maiores" como fundamento de uma geografia renovada e "ativa", isso decorre, provavelmente, do fato de que, apesar de ter fornecido as bases para uma reflexão crítica sobre a localização como elemento estratégico, Lacoste não orientou sua crítica ao próprio princípio da localização como fundamento do estatuto epistemológico da Geografia. Apesar, então, da reivindicação de acesso aos elementos para a observação e apreensão dos conteúdos estratégicos da disposição dos elementos no espaço, sua análise não leva em consideração a própria produção do espaço como uma dimensão estratégica relevante. De fato, romper com a chave da localização é um procedimento fundamental para a observação do processo de produção do espaço, e é somente assim que a escala deixa de ser um dado exterior ao mundo observado, um elemento puramente metodológico, portanto, e passa a figurar como uma dimensão concreta e atrelada à própria dinâmica material dos eventos sociais. No trabalho de Lacoste, porém, a mudança de escala limita-se à mudança de perspectiva e a escala aparece prioritariamente como um instrumento da observação e da representação.

Em edições posteriores do livro originalmente publicado em 1976, Lacoste substitui a noção de escala tal como vinha utilizando pela noção de "ordem de grandeza", que se refere mais explicitamente à extensão espacial em questão do que ao parâmetro de redução apresentado na carta. Há, com maior evidência, nesse caso específico, o reconhecimento de que alguns fenômenos e objetos devem respeitar certa "ordem de grandeza" na definição dos chamados "espaços de conceituação". Esse reconhecimento nos conduz a um nível de aceitação da dimensão efetiva do próprio objeto e da realidade. No entanto, essa correção pouco modifica o fato de que a escala ou a ordem de grandeza sejam concebidas de antemão no âmbito das definições metodológicas. Essas grandezas ou extensões predefinidas acabam fazendo, portanto, o mesmo papel antes desempenhado pela noção de escala, que, justamente por sua fidelidade ao conceito geométrico-cartográfico, foi substituída por conceitos tão abstratos, generalizantes e apriorísticos quanto podia ser considerada sua antecessora. A frequente adoção das práticas militares, como referência para explicitar a importância de determinadas escolhas no que se refere à escala e mesmo às ordens de grandeza dos espaços tomados em representação, constitui um nível de comprometimento do texto que justifica, em certa medida, o apoio numa concepção abstrata de uma orientação voltada para a prática e para a ação. Lacoste, desde o início, pretende tomar do oponente as suas armas para com elas resistir e lutar. O Estado-maior, os complexos militares e as grandes corporações não têm problemas, em função de seus objetivos, em fazer abstração dos conteúdos sociais do espaço, em operar, assim, um esvaziamento que aniquila a sua vida, suas tradições e sua história, seja no plano da representação ou, a partir dele, efetivamente, na realidade. A violência dos processos de colonização, do planejamento ou dos recorrentes dispositivos de despossessão assenta-se sobre essa base. Nessa medida, a definição de um determinado espaço, de um recorte espacial, ou de uma determinada grandeza *a priori* e que se aplica no reconhecimento do espaço para os fins de uma determinada ação, é já, há muito, uma prática consagrada.

Dos conceitos criados por Lacoste naquele momento para dar conta dos procedimentos de representação considerados úteis para a democratização dos saberes estratégicos e para a ação prática e política das classes subjugadas, aquele que talvez esteja mais diretamente ligado à dimensão espacial concreta, juntamente com a noção de ordens de grandeza, é o de "espaço de conceituação". O espaço de conceituação não se confunde com a escala, como coeficiente de redução, e nem com a dimensão do fenômeno, seja na realidade ou na representação: ele se aproxima mais do que, habitualmente, chamamos de "recorte" espacial. Trata-se da definição da porção do espaço terrestre que se torna objeto de representação e análise pelo pesquisador. Mas, também nesse caso, trata-se de uma abstração, uma delimitação *a priori* do campo no qual os fenômenos podem ser observados e onde estão dispostos.

A dificuldade em se reconhecer o espaço (e, por extensão, a escala) para além do plano onde estão dispostos ou podem ser representados os fenômenos pertinentes está ligada aos pressupostos de concepções que colocam o próprio espaço como (1) uma forma de intuição da realidade ou (2) como uma espécie de coisa-em-si incognoscível ao estilo kantiano. Por isso, para Lacoste,

> [...] é preciso fazer uma distinção radical entre *espaço*, tomado como *objeto real* que não se pode conhecer senão através de um certo número de pressupostos mais ou menos deformantes, por intermédio de um instrumental conceitual mais ou menos adequado, e o *espaço*, tomado como *objeto de conhecimento*, isto é, as diferentes representações do espaço real (a dos pintores, dos matemáticos, dos astrônomos, dos geógrafos...).[6]

O APORTE FENOMENOLÓGICO EM ASCENSÃO

É durante os anos 1970 que começa a se estruturar uma forte e combativa vertente fenomenológica na Geografia. O princípio do "realismo geográfico", identificado por essa nova vertente nos trabalhos que vão da Geografia clássica até esse momento, passa a ser alvo de ataques contundentes. A

> [...] ideia de uma realidade *dada* começou a ser muito fortemente criticada. Um consenso se estabeleceu entre os "novos geógrafos" para sugerir que o real é incognoscível em si e que dispomos sempre de esquemas prévios para ordená-lo ou lhe dar sentido, o que na época se chamava, seguindo Jean Piaget, "*constructos*".[7]

É nesse contexto que se encaixam os trabalhos de Claude Rafestain, Victor Ruffy e Jean-Bernard Racine. Mas, como é possível observar, a virulenta crítica lançada por essa vertente ao realismo tradicional e pragmático, ou mesmo ao materialismo crítico, preponderantes na história da Geografia, não foi suficiente para marcar um distanciamento razoável entre algumas de suas concepções mais centrais e as tradicionais formas de tratamento teórico-conceituais correspondentes. Isso se nota pela identidade estabelecida a partir de uma concepção de escala que permanece no campo epistemológico e que, por isso, denuncia o caráter antirrealista e subjetivista predominante em boa parte da produção dos geógrafos, mesmo antes do fortalecimento da nova vertente fenomenológica.

Já inseridos num contexto em que o ativismo da produção geográfica havia se tornado uma temática quase incontornável na França, Jean-Bernard Racine, Claude Rafestin e Victor Ruffy publicam um artigo intitulado "Echelle et action, contributions à une interprétation du mécanisme de l'échelle dans la pratique de la géographie", na *Revue Geographica Helvetica*, no ano de 1980. Nesse artigo, os autores procuraram definir um sentido para a escala geográfica que privilegiasse as possibilidades de ação sobre o território. O planejamento territorial é um dos objetivos declarados desse grupo, mas eles pensam também na potencialização das ações cotidianas por meio da produção de representações do espaço que favoreçam essas ações. O rompimento com o paradigma da escala cartográfica é também nesse caso o ponto de partida para esse esforço de definição de uma escala apropriada para a ação sobre o espaço.

Apesar da preocupação com a ação, no plano metodológico Racine, Rafestin e Ruffy cedem à forte influência emergente das vertentes fenomenológicas no debate da Geografia.[8] Assim, o apelo ao mundo concreto, material e objetivo é forjado no plano de um agir político, e não no campo da produção do conhecimento. Se, por um lado, a orientação declarada do trabalho desses autores se define pela ação prática e objetiva, por outro, isso se resume a um plano marginal de suas posições que se estruturam com base na expectativa de disciplinar as formas de apreensão e de produção de representações, relegando a própria realidade admitida no campo das intenções externas do trabalho a uma posição subordinada aos postulados epistemológicos.

No mencionado artigo de 1980, a escala aparece na posição de um recurso de método na mediação das formas de percepção dos fenômenos (uma "mediação das configurações observadas" ou "como mediadora da ação"). Como decorrência, as escalas são condicionadas pela intuição e desprovidas de um conteúdo próprio, assim como os fenômenos aparecem apartados de suas dimensões escalares específicas. O exemplo do procedimento analítico que pode encontrar um fenômeno homogêneo em uma determinada escala e, ao mesmo tempo, considerando o mesmo objeto em outra escala, poderia encontrar algo de natureza sensivelmente heterogênea, é significativo não só para o tipo de relação que os autores observam entre a escala e a produção do conhecimento, mas para a relação que eles adotam como determinante entre o objeto e o próprio conhecimento.[9] Dessa perspectiva, os resultados da investigação estão preponderantemente do lado do inquiridor. As "opções" metodológicas (de escala) constituem o núcleo do conhecimento em torno do qual a resposta é encontrada, substituindo a centralidade do objeto num relativismo a partir do qual as respostas podem ser tantas quantas forem as perspectivas analíticas.

Ao tratar "a escala como processo de esquecimento coerente", o que os autores procuram é algum tipo de disciplina da intuição. Logo, ela é, para eles, um recurso puramente metodológico na medida em que é compreendida como um elemento da disciplina e do rigor da observação, um recurso situado na consciência íntima dos sujeitos disciplinados do conhecimento.[10]

No tratamento da escala como "mediadora de uma pertinência", contudo, há uma aproximação do caráter objetivo da problemática da escala. Desse ponto de vista, "colocar o problema da escala é também colocar o problema da pertinência da ligação entre uma unidade de observação e o atributo que a ela se associa".[11] Não foi nesse momento que a dimensão objetiva da escala foi restituída, mas é nesse aspecto que o trabalho de Racine, Rafestin e Ruffy pode contribuir nessa direção. A associação entre a escala, que ainda permanece na condição de uma "unidade de observação", e o "atributo que a ela se associa" pressupõe uma relação de "pertinência" que torna indissociável o fenômeno de sua escala, criando um conjunto que expressa algum tipo de totalidade. O problema, no entanto, está ainda na localização desse conjunto no âmbito da intuição e da consciência subjetivas, o que mantém a problemática da escala presa no universo epistemológico, como um recurso da intuição e da representação.

Em certo sentido, mostrando afinidade com essa forma de tratamento, no Brasil, Iná Elias de Castro vincula-se muito fortemente a uma perspectiva epistemológica de tratamento da problemática da escala. Assumindo a tarefa de atribuir um significado mais claro a uma noção de escala marcada pela polissemia, Iná supera a concepção de uma Geografia reduzida ao estudo das localizações, apoiando-se em

Christien Grataloup. Ainda assim, a escala para ela será reduzida a "uma estratégia de apreensão da realidade, que define o campo empírico da pesquisa".[12] Além disso, a forte orientação fenomenológica de seu trabalho vincula o conceito a uma forma instrumental exclusiva da intuição, revitalizando a compreensão de que o procedimento de "escolha" da escala envolve a opção consciente por um determinado "processo de esquecimento coerente".

Na perspectiva epistemológica, a escala é entendida como pertencente ao campo do domínio subjetivo exclusivo do pesquisador e, como tal, é frequentemente confundida com um "instrumento" da pesquisa e da observação. Nessa perspectiva, a escala "se aplica" ao objeto e faz parte das escolhas do pesquisador.[13] Com base nesse pressuposto, o resultado da pesquisa perde parte de seu compromisso substancial com a objetividade dos fatos para restituí-lo no plano interno de uma subjetividade autorreferenciada. Quando a escala se define pelas "escolhas" do pesquisador e é ela que orienta o resultado da pesquisa, esses resultados podem não ser outra coisa que um ajuste da representação. Chega-se, assim, à "proposição de que a escala de observação cria o fenômeno".[14] Nesse sentido,

> [...] a seleção da escala pode prosseguir, em teoria, até o infinito dos pontos de vista possíveis sobre uma realidade percebida ou sobre uma realidade em projeto. Em todos os casos o resultado é aquele de um recorte da realidade percebida/concebida de acordo com o ponto de vista, com a escolha do nível de percepção/concepção.[15]

Nesses termos, o posicionamento da perspectiva epistemológica presta contas à longa tradição da ciência moderna e a escala se torna um "instrumento" da elaboração de imagens que tomam e assumem o lugar central e a posição do objeto de estudo na produção do conhecimento. Para essa vertente,

> [a] escala é a escolha de uma forma de dividir o espaço, definindo uma realidade percebida/concebida, é uma forma de dar-lhe uma figuração, uma representação, um ponto de vista que modifica a percepção mesma da natureza deste espaço, e, finalmente, um conjunto de representações coerentes e lógicas que substituem o espaço observado.[16]

A escala permanece presa, dessa forma, ao campo metodológico, impedida de aparecer como dimensão ativa e concreta do próprio objeto. A alegoria retirada da Física, segundo a qual foi a possibilidade de observação dos fenômenos em outra escala que desestruturou o universo estável da Física newtoniana, torna-se uma metáfora imperfeita diante do universo dinâmico e contraditório da realidade social. Apesar de se ter iniciado um extenso debate na Geografia a fim de efetuar a diferenciação da escala geográfica em relação àquela utilizada no âmbito da prática da manipulação cartográfica, a vertente epistemológica restaura os condicionantes mais essenciais ligados ao uso do qual pretendia se afastar. Ela mantém a noção de escala no campo da elaboração de representações como um atributo exclusivo da intuição, externo, portanto, aos objetos e à realidade. Na medida em que o chamado "recorte" espacial passa a ser um arranjo da pesquisa, do método e, portanto, do sujeito cognoscente, ele não rompe essencialmente com a abstração que define aprioristicamente a delimitação espacial e a sua extensão, reiterando, sem se referir à escala cartográfica, a mesma armadilha para o pensamento da qual as novas concepções pretendiam se livrar.

PERSPECTIVAS CRÍTICO-REALISTAS

Mais recentemente, algumas abordagens têm sido explícitas na proposição teórica de uma noção de escala como dimensão objetiva da realidade. Tais abordagens têm se posicionado também de forma clara em relação ao tratamento epistemologizante da escala e, normalmente, partem de uma inversão da relação que a fenomenologia estabelece com o mundo objetivo. Para essas perspectivas, a escala não deve ser postulada como um instrumento ou um recurso de ajuste da visão manipulado em função e a partir dos desejos do sujeito do conhecimento. Pelo contrário, a escala deve ser buscada como parte da explicação e dimensão intrínseca e efetiva do objeto. Assim, a investigação que se volta para o mundo real passa pelo desvendamento de suas escalas ou de sua dimensão escalar intrínseca.

Henri Lefebvre teve destacada influência na trajetória do pensamento que reconhece, atualmente, a escala como uma dimensão dinâmica da própria realidade em transformação. Já em *O direito à cidade*, de 1968, faz considerações sobre os níveis da realidade. Aí ele põe ênfase no fato de que as instituições e as relações sociais se elaboram e se manifestam simultânea e diferentemente (com conteúdos diversos) nos vários níveis da realidade social. Os níveis do global, da cidade e do habitar envolvem, todos, dimensões do poder do Estado, da organização religiosa, das estratégias econômicas e da ordenação do cotidiano. Um apontamento crucial no trabalho de Lefebvre, e que vai orientar muitos trabalhos nessa mesma direção, está estabelecido a partir do reconhecimento do nível urbano como central em nossa época, o que lhe permite, a um só tempo, fazer a crítica da cidade como signo e apontar para a obra em construção que foi a cidade do passado e que atualmente é o urbano como nível da realidade social, econômica e política.

Apoiado no conjunto de apontamentos deixado por Lefebvre, Neil Brenner parte da ideia de que "o espaço está sempre sendo produzido e transformado sob o capitalismo" para pensar na dinâmica escalar promovida em meio a essa cambiante geografia do capital, o que tem sido chamado de "reescalonamento" (*rescaling*) ou de "a questão da escala". Tanto a perspectiva de urbanização total da sociedade quanto a noção de implosão-explosão, ambas de extração lefebvriana, sugerem a ele importantes diretrizes para se pensar na produção dos novos arranjos escalares da acumulação.

Com as profundas transformações ocorridas na organização social, política e econômica do capitalismo desde os fins do século XX, esse debate parece ter ganhado importância. Um conjunto de teorias assumiu um papel de destaque na reafirmação do fenômeno urbano e da aglomeração em face do processo de globalização.[17] O resultado observado foi o estabelecimento de um vínculo muito mais forte entre a escala das aglomerações, onde efetivamente se realiza, desse ponto de vista, o trabalho da globalização, e a escala global, na qual os fluxos entre os nódulos da economia mundial se estabelecem. Por outro lado, o rearranjo dos poderes do Estado-nacional, interpretados pela via dos efeitos da liberalização e da expansão dos poderes dos capitais transnacionais, passam a sugerir nesse contexto a rearticulação que destrona a escala internacional em favor da emergência de uma efetiva globalização. Nesse contexto, além da subversão da tradicional organização das relações interescalares – normalmente representada em forma de pirâmide, ou, como na alegoria de Brenner, num modelo do tipo "bonecas russas" –, a vinculação direta do urbano ao mundial, deslocando a importância da escala nacional, faculta a emergência da escala global como sucedânea da antiga escala internacional. Trata-se, ainda segundo Brenner, de "uma rearticulação complexa da organização interescalar".[18]

Não foi de imediato que os estudos críticos do urbano iluminaram a via do reconhecimento da historicidade e da mútua imbricação das diferentes estruturas escalares. Apoiando-se no argumento de Edward Soja, em *Geografias pós-modernas*,[19] Brenner verifica que após o reconhecimento quase consensual, por parte dos estudos críticos do urbano, de que a escala urbana emergia como um importante elemento estrutural dos processos contemporâneos de acumulação, uma nova via para a consideração das dinâmicas espaciais do capitalismo se abria para os estudos realizados em outras escalas da atividade social. Apesar de tais estudos terem inaugurado uma perspectiva escalar mais multidimensional que seus antecedentes, a via aberta pela problemática urbana significou uma perda de importância da Geografia urbana face aos temas definidos nas escalas supraurbanas, tais como aqueles que se tornaram conhecidos a partir da chave das problemáticas regionais e internacionais, dos desenvolvimentos desiguais, das relações centro-periferia.[20]

> Foi apenas nos anos 1990, com a disseminação da pesquisa sobre as dimensões urbanas da globalização econômica, que tratamentos conceituais historicamente mais dinâmicos da escala geográfica e das configurações interescalares foram elaborados no seio dos estudos críticos urbanos.[21]

A essa altura, Neil Smith, em *Desenvolvimento desigual*, de 1984, já tratava do problema da escala como uma dimensão dos processos imbricados na diferenciação e igualização geográficas, que surgiriam como produto intencional, condição ou mero resultado marginal da dinâmica de reprodução capitalista. A evolução das dinâmicas espaciais da economia do capital incluiria, além e no interior dos processos de diferenciação, equalização e rediferenciação do espaço geográfico, a produção de novas escalas de acumulação que funcionam a partir de suas relações com outras (também novas ou preexistentes) dimensões escalares, disparando um processo generalizado de redefinição das hierarquias e dos vínculos interescalares. Em meio a essa inconstante estrutura escalar da economia do capital, a suposta rigidez dos níveis e das hierarquias escalares, assumida como fundamento da estabilização conceitual na Geografia por grande parte da comunidade acadêmica e durante um longo período, desmorona no mundo real. A tradicional divisão entre as escalas mundial, regional e local, que pressupõe uma relação hierárquica estabilizada e quase natural entre elas, desconsidera frequentemente o fato de que também essas escalas foram socialmente produzidas ao longo da história de modernização do Estado e da economia. Hoje tanto as relações entre esses níveis quanto as dimensões escalares têm passado por profundas alterações.

> O capital produz escalas espaciais distintas [...] dentro das quais o impulso para a igualização está concentrado. Mas só pode ser realizado por aguda diferenciação e por contínua rediferenciação do espaço relativo, tanto entre as escalas quanto dentro delas. As escalas por si mesmas não são fixas, mas se desenvolvem [...] dentro do desenvolvimento do próprio capital. E não são impermeáveis; as escalas urbanas e nacionais são produtos do capital internacional e continuam a ser moldadas por ele.[22]

Nesse mesmo espírito, David Harvey, em *Espaços de esperança*, mobiliza um princípio de tratamento da questão escalar fundamentalmente ligado às dinâmicas objetivas do real. Apesar de não orientar sua reflexão sobre a escala a partir dos eventos e fenômenos naturais, são frequentes as referências às dimensões e aos condicionantes escalares na natureza. Para ele, "os próprios processos ecológicos e muitos processos físicos que regulam as condições da terra, da água, da atmosfera operam numa variedade de escalas",[23] e isso simultânea e articuladamente. Ecossistemas bem delimitados espacialmente, que funcionam no interior de uma dada escala espacial, local ou regional, podem interagir e determinar o comportamento climático e de difusão ou restrição de imensa variedade de espécies na escala global. Assim como a escala aparece como um dado objetivo, uma dimensão concreta da própria natureza, as práticas sociais deverão trazer também consigo essa mesma dimensão crucial. Desse modo, tanto o rearranjo nas relações interescalares – e, portanto, a desestruturação e reestruturação das hierarquias entre as diferentes escalas –, quanto a produção de novas escalas surgem na condição de elemento estratégico a ser utilizado tanto pelos modernos e voláteis dispositivos da acumulação como pelos movimentos sociais.

A partir de um notável esforço de captura dos nexos num universo significativo de fatores, envolvendo crises financeiras mundiais, fenômenos naturais de impacto hemisférico, regulação ambiental continental e estratégias de sobrevivência locais, Erik Swyngedouw e Nikolas Heynen assinalam as aglomerações urbanas como aqueles espaços capazes de articular processos de natureza local e global e que são simultaneamente físicos, sociais e orgânicos. Nesses poderosos cruzamentos, eles indicam que "as mudanças socioambientais resultam na contínua produção de novas 'naturezas', de novas condições ambientais urbanas físicas e sociais", envolvendo o conflito e as lutas em torno das questões de classe, gênero e etnia.[24] Do mesmo modo, asseveram que "a prioridade nunca reside numa escala geográfica social ou ecológica particular; ao contrário, ela reside nos processos socioecológicos através dos quais escalas sociais e ambientais particulares são constituídas e reconstituídas".[25] Assim, "são [...] os *processos* de escalonamento e reescalonamento, em vez das escalas em si mesmas, que devem ser o foco analítico central para abordagens sobre a questão da escala".[26] Nesses termos, a dinâmica socioescalar a partir da qual as escalas do processo social e os arranjos estabelecidos entre elas são criados, reorganizados ou desfeitos emerge como um dos campos onde se desenham as geografias ocultas do poder[27] ou onde se modificam as geometrias do poder social.[28]

Ao considerar o papel das instituições políticas, dos grupos econômicos e das diversas formas de organização social, Harvey procura enfatizar o fator escalar não somente como um elemento estratégico para a ação – o que já havia sido feito por Lacoste a partir de outra perspectiva –, mas também como registro e produto direto dessas mesmas estratégias sociais e econômicas que normalmente acabam colidindo. Nesse sentido, ele alerta para os riscos que uma tradição desatenta à problemática da escala como dimensão concreta e efetiva da realidade pode correr. Observar o fenômeno da globalização, pauta incontornável para as ciências humanas a partir dos anos 1990, de um ponto de vista unilateral ou unidimensional deu margem a um amontoado de palavras de ordem que se disseminaram perigosamente nos mais diversos campos do debate acadêmico ou político, tanto na direita quanto na esquerda. O que efetivamente estava em jogo, do ponto de vista defendido por Harvey, era um momento de grandes transformações no campo das relações interescalares e mesmo da produção de novas escalas.

Partindo dessa orientação e em diálogo com Neil Smith, David Harvey, para desenvolver sua teoria dos desenvolvimentos geográficos desiguais, pretende realizar no plano analítico "uma fusão" entre os processos que resultam e emergem da "mudança das escalas e a produção de diferenciações geográficas". Segundo ele, "temos por conseguinte de pensar em diferenciações, interações e relações tanto interescalares como intraescalares".[29] Trata-se de considerar "diferenciações geográficas voláteis e em multiplicação que operam em planos escalares eles mesmos em rápida mudança".[30] Desse ponto de vista, as escalas não são imutáveis ou completamente naturais, elas são, ao invés disso, "produtos sistêmicos de mudanças tecnológicas, formas de organização dos seres humanos e das lutas políticas".[31]

Além do papel de destaque que a observação do fenômeno urbano, e da aglomeração como problemática correlata, assumiu na orientação e sistematização de um determinado modo de tratamento da questão escalar – o que se reflete no sugestivo título do artigo de Neil Brenner: "A questão urbana como uma questão de escala", publicado em 2000 –, outros campos de interesse foram mobilizados nesse debate. Podem ser citados como exemplos:

1) A problemática ambiental que, em termos gerais, define-se primordialmente a partir da intersecção interescalar: (a) a emissão de caráter local ou nacional de gases estufa tem sido indagada globalmente por seus efeitos em escalas que ultrapassam aquelas nas quais a legislação e o controle das estruturas estatais têm validade, (b) as formas de uso dos territórios nacionais amazônicos tornaram-se objeto de disputas mundiais, pela preservação ou para exploração;
2) Os artifícios e episódios da regulação social, política e econômica a partir da produção e reprodução de novas dimensões escalares: a emergência de poderes estatais de abrangência transcontinental ou a institucionalização de espaços supranacionais de regulação econômica, bem como os efeitos da regulação sobre a escala de circulação diferencial da força de trabalho, das mercadorias e produtos e do capital dinheiro em termos mundiais;
3) A conformação da estrutura social e da vida cotidiana a partir de seus conteúdos escalares: uma forma de experiência na sociedade patriarcal que guarda uma dimensão escalar própria da assimetria nas relações de gênero manifesta-se no confinamento das mulheres nos espaços domésticos ou privados, enquanto as esferas públicas da política, do mercado e dos negócios são ainda uma prerrogativa da condição masculina.

Segundo Brenner, uma das grandes contribuições que a reflexão sobre a dinâmica escalar do capitalismo traz para a análise social consiste no fato de que

> [...] em vez de conceber a constituição escalar do capitalismo moderno – sua diferenciação entre unidades geográficas locais, regionais, nacionais, supranacionais e globais – como um traço preestabelecido da vida social, tais configurações escalares são agora entendidas como arenas e produtos produzidos, contestados e, portanto, maleáveis das relações político-econômicas.[32]

Desse modo, torna-se possível conceber a própria escala como um produto estratégico das relações sociais que visam à acumulação e à reprodução do poder. Tanto o político quanto o econômico ou o social podem produzir dimensões escalares novas ou modelar estratégias de articulação entre as esferas escalares já existentes desviando de escalas nas quais encontram maiores dificuldades de ação, inserindo dimensões escalares desprezadas em momentos pretéritos da atividade social, propondo relações imediatas entre registros escalares aparentemente antagônicos etc. Claro está que alguns segmentos contam com instrumentos de manipulação do registro escalar mais apropriados e eficientes que outros, assim como com uma capacidade de bloqueio das ações de outrem em determinadas dimensões escalares.

EM RESUMO...

Tendo em vista a perspectiva de elaboração ou compreensão de uma dimensão conceitual especificamente geográfica a partir da noção de escala dentre os propósitos iniciais do debate brevemente recuperado aqui, considerou-se não somente a operação de inversão da relação matemática expressa na razão constante dos produtos cartográficos ou o afastamento do próprio conteúdo geométrico das projeções, mas o rompimento com o universo exclusivo da representação. Desse ponto de vista, as perspectivas crítico-realistas parecem ter completado a tarefa proposta, libertando a noção de escala do cárcere epistemológico e de sua submissão à condição de instrumento da criação de imagens e representações. Ao se emprenhar nessa tarefa, os autores dessa concepção reconheceram, redescobriram ou revelaram a dimensão objetiva da escala (a partir da dimensão escalar do objeto), a escala como um elemento dinâmico da realidade e a dimensão escalar como produto da atividade social, política e econômica e conteúdo dos componentes da natureza. Assim, ela deixa de estar localizada no campo dos instrumentos metodológicos e de operação da subjetividade e passa a ser observada como um conteúdo da prática socioespacial e das estratégias de reprodução.

Notas

1 A expressão é de Neil Brenner (2013, p. 209), que, apoiado em Andrew Sayer, prefere usar "crítico-realista" para caracterizar a perspectiva de tratamento da escala que ele adota, diferenciando-se, assim, do ponto de vista que parte de uma perspectiva ontológica representada por Sallie Marston.

2 Orain, 2004.

3 Idem, p. 4.

4 Idem, p. 9.

5 Vesentini, 1988.

6 A crítica que Lacoste (1988, p. 83) faz à unidade regional vidaliana constitui parte de seu apelo por uma relativização escalar que, no entanto, não pretende encontrar uma escala que venha a substituir a escala prioritária da antiga Geografia regional. Isso decorre do tratamento que Lacoste dá ao problema da escala. A emancipação escalar dos estudos de Geografia estava atrelada, nessa conjuntura, a uma concepção eminentemente epistemológica de escala. Logo, o que se opera na crítica à Geografia vidaliana por Lacoste é, ao mesmo tempo, a demanda em favor de uma transposição do registro do debate sobre a escala de uma perspectiva realista para uma perspectiva epistemológica. Por isso Lacoste não pôde encontrar um fenômeno ou um procedimento que lhe revelasse as transformações concretas do registro escalar primordial a partir do qual elaboram-se as ordens responsáveis pelas grandes linhas de modificação ou sustentação de determinados arranjos sociais. "Apesar das implacáveis e pertinentes críticas que faz à escola geográfica francesa, neste ponto Lacoste se revela um herdeiro e continuador dessa tradição: a geograficidade (neologismo criado por analogia com historicidade), para ele, se define essencialmente com referência à cartografia e, de forma especial, à noção de escala. [...] Pode-se dizer que para Lacoste o 'real', o espaço geográfico é tão somente aquilo que pode ser mapeado, colocado sobre a carta, delimitado portanto com precisão sobre o terreno e definido em termos de escala cartográfica... Não se estaria assim condenando o geógrafo a somente estudar as aparências?" (Vesentini, 1988, p. 9). O risco subjacente a essa posição é a subordinação da problemática, que para Lacoste se liga à ação prática que é exterior ao universo restrito das definições

epistemológicas, ao campo dos procedimentos metodológicos. A externalidade e a anterioridade das escolhas de método se impõem ao objeto, dessubstancializado e tomado como existente somente no plano do pensamento e da representação. A pertinência da escolha da escala, entendida como recurso de método, é avaliada, portanto, em relação à representação que o objeto adquire seja na fase inicial e hipotética, seja na fase final, como resultado. Trata-se, portanto, de um ajuste interno e autorreferenciado dos momentos e das etapas do entendimento que só se reporta ao objeto como imagem, figura capturada pela consciência ou pelo sujeito epistêmico. É nesse contexto que "a operação intelectual, que é a mudança de escala, transforma, e às vezes de forma radical, a problemática que se pode estabelecer" (Lacoste, 1988, p. 77).

7 Orain, 2004, p. 14.

8 Um universo de soluções comparável ao de Lacoste vai marcar a posição de Racine, Rafestin e Ruffy. O direcionamento para a ação concreta se pauta, também nesses autores, numa premissa metodológica que está voltada para si mesma e não rompe o círculo vicioso da autorreferenciação. Mantendo a preocupação com o mundo real, as premissas científicas desse conjunto de elaborações aparecem, no entanto, em rota de aproximação com o conformismo complacente da fenomenologia. O "indutivismo" de Y. Lacoste, nesse aspecto, desempenhava um papel importante para a relativização do subjetivismo e do papel de apriorismos nas considerações do autor: "a flexibilidade do geógrafo seria, de qualquer forma, posta ao serviço dos 'problemas' e dos 'fenômenos'", assim, "o método a ser seguido é particularmente difícil de ser definido com antecipação" (Orain, 2004, p. 19).

9 Racine et al., 1980, p. 88.

10 "Podemos, então, definir a escala como uma função do esquecimento coerente [...]. A escala aparece, a partir daqui, como um filtro que empobrece a realidade, mas que preserva o que é pertinente com relação a uma dada intenção" (Racine et al., 1980, p. 90).

11 Idem.

12 Castro, 2000, p. 120.

13 Essa concepção fica clara quando Iná Elias de Castro recorre às reflexões de Jean Ullmo, para quem "a escala se define tanto quando são selecionados os instrumentos utilizados nas experiências de fenômenos microscópicos, como nos sentidos do observador de fenômenos macroscópicos". Nessa perspectiva, "um mesmo fenômeno, observado por instrumentos e escalas diferentes, mostrará aspectos diferenciados em cada uma" (Castro, 2000, p. 131).

14 Castro, 2000, p. 131.

15 Idem, p. 134.

16 Idem, p. 136.

17 De acordo com Neil Brenner (2013, p. 204), no âmbito do debate sobre a escala urbana, os autores da Escola da Califórnia "substituíram o critério de especificidade funcional, estabelecido por Castells, por um critério de especificidade escalar". Assim, o papel da escala urbana, num universo de múltiplas relações interescalares, desloca a centralidade da "unidade funcional" do processo urbano na análise crítica, invertendo a orientação de Castells, segundo a qual as escalas apareciam como expressões de funções sociais específicas. A partir dessa inversão, a escala urbana passa a ser revelada como uma dimensão escalar multifacetada e reproduzida pelas próprias dinâmicas de acumulação, articulada em diversos outros registros escalares, ajudando a enterrar uma concepção duradoura nos estudos críticos que toma "a escala urbana como o núcleo *empírico* autoevidente da questão urbana".

18 Brenner, 2013, p. 207.

19 Soja, 1993.

20 Idem, pp. 117-44.

21 "A proliferação de debates explícitos sobre a escala geográfica e o reescalonamento durante os anos 1990 pode ser entendida como uma extensão e um refinamento significativos das abordagens espacializadas acerca da economia política urbana e regional que se desenvolveram na década precedente, estimuladas em grande medida pelo abalo das hierarquias e interdependências escalares associadas ao capitalismo organizado no período pós-1970" (Brenner, 2013, pp. 205 e 215).

22 Smith, 1988, p. 211.

23 Harvey, 2004, p. 108.

24 Swyngedouw e Heynen, 2003, p. 900.

25 Idem, p. 912.

26 Brenner, 2013, p. 205.

27 Agnew, 1993.

28 Swyngedouw, 2004.

29 Harvey, 2004, p. 112.

30 Idem, p. 113.

31 Idem, p. 108.

32 Brenner, 2013, p. 201.

Bibliografia

AGNEW, J. Representing Space: Space, Scale and Culture in Social Science. In: DUNCAN, J.; LEY, D. (Eds.). *Place/Culture/Representation*. London: Routledge, 1993.

BRENNER, N. "Reestruturação, reescalonamento e a questão urbana". *GEOUSP: Espaço e Tempo*. São Paulo, n. 33, 2013, pp. 198-220.

_____. "The Urban Question: Reflections on Henri Lefebvre, Urban Theory and the Politics of Scale". *International Journal of Urban and Regional Research*. v. 24, n. 2, 2000, pp. 361-78.

CASTRO, I. E. O problema da escala. In: CASTRO, I. E.; GOMES, P. C. C.; CORREA, R. L. (Orgs.) *Geografia*: conceitos e temas. Rio de Janeiro: Bertrand, 2000, pp. 117-40.

HARVEY, D. *Espaços de esperança*. São Paulo: Loyola, 2004.

LACOSTE, Y. *A geografia*: isso serve, em primeiro lugar para fazer a guerra. Campinas: Papirus, 1988.

ORAIN, O. La géographie française face à la notion d'échelle: une approche par les significations et les contenus épistémologiques. In: ROBIC, M-C. *Echelles et temporalités en géographie, seconde partie*. CNED, 2004, pp. 2-24.

RACINE, J-B.; RAFESTIN, C.; RUFFY, V. "Echelle et action: contributions à une interprétation du mécanisme de l'échelle dans la pratique de la géographie". *Revue Geographica Helvetica*. v. 35, n. 5, 1980, pp. 87-94.

SMITH, N. *Desenvolvimento desigual*. Rio de Janeiro: Bertrand Brasil, 1988.

SOJA, E. *Geografias pós-modernas*: a reafirmação do espaço na teoria social crítica. Rio de Janeiro: Jorge Zahar, 1993.

SWYNGEDOUW, E. "Globalisation or 'glocalisation'?: networks, territories and rescaling". *Cambridge Review of International Affairs*. v. 17, n. 1, pp. 25-48.

_____; HEYNEN, N. C. "Urban Political Ecology, Justice and the Politics of Scale". *Antipode*. v. 35, 2003, pp. 898-918.

VESENTINI, J. W. "Prefácio". In: LACOSTE, Y. *A geografia*: isso serve, em primeiro lugar para fazer a guerra. Campinas: Papirus, 1988.

AS CENTRALIDADES PERIFÉRICAS: DA SEGREGAÇÃO SOCIOESPACIAL AO DIREITO À CIDADE

Glória da Anunciação Alves

Neste fim da primeira década do século XXI, vivemos, no Brasil e no mundo, um momento em que os direitos conquistados pelas lutas dos movimentos sociais organizados, principalmente com relação aos direitos trabalhistas e sociais, estão sendo retirados sob o argumento da necessidade de readequação produtiva/econômica e social para garantir a produção e reprodução capitalista. Há mais uma crise do capitalismo, portanto, e a saída apontada como única e possível, ostensivamente divulgada pelos meios de comunicação social, indica como prioridade que os trabalhadores do Brasil e do mundo paguem essa conta, perdendo garantias de sobrevivência.

As lutas contra esse projeto se dão em vários lugares, todavia é nas metrópoles e em seus centros que elas ganham força, pela concentração de pessoas que, em protestos, dão visibilidade às perdas sociais que ocorrerão caso nada seja feito. Dali se irradiam a outros lugares as potencialidades das estratégias para barrar esse processo avassalador de reprodução capitalista.

Nesse sentido, recuperamos aqui o conceito de *centralidade*, em suas várias dimensões, para, em seguida, apontar a *práxis* capaz de potencializar a possibilidade de uma sociedade em que a desigualdade e a segregação socioespacial não mais estejam presentes.

RECUPERANDO O CONCEITO

Centro e centralidade

A centralidade é um dos atributos do centro, entendido aqui como o local da concentração das atividades econômicas, sociais (em seu sentido amplo) e políticas.

Concomitantemente a essa concentração, temos o processo de irradiação das dinâmicas constitutivas da sociedade.

Tomando a cidade de São Paulo como um lugar particular de estudo, mas compreendendo-a como parte da totalidade, deparamo-nos com os fundamentos do processo de reprodução capitalista, que é global. Dessa maneira, a singularidade não obstrui a compreensão da totalidade, desde que a contextualização e as articulações escalares sejam sempre realizadas.

Entender a cidade de São Paulo como metrópole, e o centro, bem como as outras centralidades existentes, como concentrador/irradiador de múltiplas atividades e funções exige que remontemos ao final do século XIX. Ainda que se trate de uma cidade fundada no século XVI, é somente no século XIX que encontramos nela a gênese do processo de metropolização.

Segundo Azevedo,[1] o cosmopolitismo e a posterior centralidade industrial passam a marcar a cidade, respectivamente, a partir de meados do século XIX, com o que ele denominava de cidade dos estudantes e com a força do capital provindo da atividade cafeeira e, a partir do século XX, com a concentração do processo de industrialização.

Lefebvre[2] aponta que foi a partir da industrialização que houve a indução e a expansão da urbanização na Europa. A cidade de São Paulo seguiu essa mesma tendência e, assim, a urbanização se expandiu a partir da modernização da cidade, marcada principalmente pela industrialização. As marcas da urbanização, contudo, não se generalizam por toda a cidade, mas ficaram concentradas no que, a partir dos anos de 1950, passou a ser denominado pela comunidade geográfica como o centro da cidade, *locus* da concentração da riqueza socialmente produzida, embora apropriada por apenas uma parcela da população. Talvez por esse motivo, a maior parte da população que não usufruía dessa riqueza, e que vivia, sobretudo, nas áreas periféricas da cidade, chamasse a esse lugar de cidade, tendo consciência de que os locais em que viviam não se reconheciam como parte da cidade, já que nesses locais predominava a escassez (de infraestrutura, saúde, educação, lazer, mobilidade etc.).

Nessa época e até meados dos anos de 1970, o centro da cidade era o local que concentrava a vida cidadã. Era nele que havia a monumentalidade, representada na época pela verticalização; assim como as praças para a passagem dos pedestres e para os encontros, com sua arborização, fontes e obras de arte; os edifícios públicos, nos quais os vários serviços públicos (como previdência social, iluminação, cartórios e serviços da municipalidade em geral) podiam ser acessados, satisfazendo as necessidades da população; os cinemas e teatros. Era, por fim, o local onde havia a concentração do entroncamento das linhas de transporte público (trem e ônibus).

Essa concentração de atividades e serviços contrastava com a precariedade/inexistência dos mesmos nas áreas periféricas da cidade. Assim, embora a maior parte da população do município de São Paulo vivesse oficialmente no perímetro urbano, os que viviam na periferia diziam (muitos até hoje continuam a dizer) que ir até o centro era ir à cidade. Tratava-se, de fato, da possibilidade de usufruir de tudo aquilo que não existia em suas localidades.

Desse modo, durante boa parte do século XX, cidade e centro eram entendidos como sinônimos, caracterizados pela concentração de atividades, e lugar onde se podia, ainda que parcialmente e por parcos momentos, ter acesso ou vislumbrar a vida urbana, cidadã. Era essa a potência do centro para os que provisoriamente a ele tinham acesso: esse espaço se apresentava como algo a ser obtido, a ser alcançado, ou seja, representava o desejo à vida de qualidade e não apenas à sobrevivência cotidiana.

O centro da cidade era, assim, o outro das periferias da época, vistas e vividas como o lugar do sacrifício, da violência cotidiana e da precariedade de tudo. Digo era, pois a partir de meados dos anos de 1970 temos o processo de implosão/explosão do centro, que culminou no surgimento de múltiplas centralidades. Esse fenômeno é resultado do próprio processo de concentração de atividades econômicas, sociais e administrativas da cidade. Ele fez com que o centro, na época único da cidade, perecesse frente a congestionamentos, que forçavam a uma diminuição do fluxo de mercadorias e pessoas, e ao aumento dos preços dos imóveis e aluguéis, que se tornam impeditivos à manutenção de determinados comércios e serviços. Aliado a esse processo, temos também agentes do mercado imobiliário que passam a se utilizar desses elementos para, a um só tempo, desqualificar esse centro e promover outras localidades como detentoras de maiores potencialidades para a reprodução do capital. Tudo isso implicou o surgimento de novos centros, a partir de uma articulação do mercado imobiliário e setores do poder público.

Diante disso, o surgimento de novas centralidades atendeu prioritariamente ao desenvolvimento das forças produtivas e, em especial, ao mercado imobiliário que vislumbra, na produção do espaço e de múltiplas centralidades, mais uma possibilidade de realização e superação nos momentos de crise de acumulação do capital. Nesse contexto, as saídas utilizadas no mundo durante os séculos XIX e XX – tais como os exemplos de Haussmann na transformação de Paris; Cerdà no Plano de Barcelona e Moses no caso de Nova York – são reproduzidas no espaço das cidades brasileiras por Pereira Passos na transformação do Rio de Janeiro e por Prestes Maia no Plano de Avenidas em São Paulo.

Especialmente a partir dos anos 1980, temos, em São Paulo, a (re)produção do espaço urbano com base nas transformações radicais nos espaços centrais consolidados, assim como em novos espaços criados como novas centralidades ou para reprodução da força de trabalho nas periferias.

As centralidades, tanto as tradicionais quanto as novas, ao mesmo tempo se complementam e concorrem entre si por investimentos, tanto públicos como privados. Embora todos esses espaços tenham como característica a concentração de atividades econômicas, sociais e políticas, tendendo a certa homogeneização, eles possuem particularidades dadas a partir da fragmentação do centro e essas mesmas particularidades levam a uma hierarquização dessas centralidades. Assim, podemos afirmar que nesse processo há, ao mesmo tempo, homogeneização, fragmentação e hierarquização[3] das centralidades.

Do ponto de vista econômico, ainda que o centro tradicional da cidade de São Paulo tenha importantes instituições financeiras, como a Bolsa de Valores e de Mercadorias e Futuro, além de um grande comércio popular e de alguns produtos e serviços muito especializados (joalherias, serviços de consertos de máquinas fotográficas e outros produtos, livrarias especializadas etc.), parte das instituições bancárias, empresas de advocacia e outros serviços, como os terciários de ponta, está hoje situada em outras centralidades da cidade, tais como a região da Berrini, do Verbo Divino e da Faria Lima, bem como na região da av. Paulista. Estamos falando do que muitos autores chamam de Eixo Sudoeste da cidade, que passa, com essas novas centralidades, a concentrar parte desses serviços especializados, bem como das novas construções marcadas pela verticalidade dos edifícios, muitos deles denominados inteligentes.[4]

Escrevendo assim parece não haver conflitos nessa produção, entretanto não estamos falando de espaços vazios, em que réguas e pranchetas traçam as novas formas. De fato, essa produção traz como consequência a transformação do espaço e, com isso, mudanças socioespaciais. Carlos mostra, em seu estudo de 2001, como a transformação do espaço pela Operação Urbana Faria Lima implicou, de um lado, a produção de uma nova centralidade financeira e de serviços especializados e, de outro, para que essa produção ocorresse, a desapropriação da população que ali vivia, dentro da lógica capitalista, como proprietária do imóvel em que habitava, e que, por força da necessidade da reprodução do capital, perde momentaneamente o direito à propriedade privada, a qual, no Brasil, ainda é um dos fundamentos capitalistas. Mesmo os que resistiram e conseguiram, por meio da mobilização, alterar o traçado da nova avenida e não perder sua moradia, perderam as antigas relações sociais existentes (de vizinhança em especial), permanecendo, portanto, no lugar, mas tendo que reformular as relações socioespaciais.

As novas centralidades tendem a diferir das tradicionais (tanto as do centro antigo quanto as dos subcentros tradicionais, como Pinheiros, Lapa, Brás, Mooca, Santo Amaro, entre outras) por se apresentarem como mais especializadas, seletas e com menor diversidade, tanto social como de atividades, resultando em uma diferenciação socioespacial que revela a segregação socioespacial, por buscarem afastar dessas localidades as populações de mais baixa renda. Para isso, até mesmo as potencialidades do transporte público tendem a sofrer reduções nessas novas centralidades, pois os transportes individuais (automóveis, Uber, táxis e até mesmo helicópteros) são privilegiados, se comparado com as centralidades tradicionais.

A potencialidade das centralidades tradicionais como local de encontro, consumo e protesto também perde força para outras centralidades, tais como os shopping centers, que se tornam os novos templos do consumo e mesmo de encontro, ainda que mediados pelo consumo/desejo da mercadoria.

Se tomarmos o centro histórico da cidade como exemplo, veremos que ele continua tendo um grande comércio, principalmente popular, e essa qualidade aparece como fator de desqualificação, pois as camadas da sociedade com menor poder aquisitivo são, em nosso país, criminalizadas, e os espaços por elas ocupados, ainda que de maneira provisória e para o consumo/trabalho/moradia, são rotulados de "degradados", como se a cidade fosse um organismo com partes que padecessem exatamente por serem identificadas como populares. Se as áreas da cidade que possuem esse comércio popular são desqualificadas, por outro lado passa-se a divulgar e avaliar como de qualidade, sem perigo e sem violência, espaços como os shopping centers que, como vimos, também podem ser considerados como centralidades, ainda que basicamente voltadas ao consumo. No Brasil de há um século, na maior parte das cidades brasileiras a igreja matriz era a centralidade do lugar, em torno da qual a vida acontecia, com a instalação de serviços públicos, praças e outros atributos da vida urbana. Hoje, na segunda década do século XXI, esse papel passa a ser exercido pelos shopping centers.

Os centros tradicionais, com destaque para o centro histórico, sempre foram locais de encontro entre os diferentes que aí acorriam para a satisfação das atividades necessárias à reprodução da vida, incluído o lazer, o passear pelos espaços[5] monumentais da cidade que não existem nas periferias pobres da cidade. Justamente por proporcionar o encontro de diferentes, devido à maior possibilidade de acesso a partir dos transportes públicos, o centro histórico foi, até final dos anos de 1990, o local privilegiado para a concentração da população para reivindicação de direitos políticos e sociais. Em 1976, ocorreram grandes manifestações na Praça da Sé contra o governo ditatorial do Brasil, que havia feito mais uma vítima – o jornalista Vladimir Herzog.

Em 1984, novas manifestações reuniram milhares de pessoas na Praça da Sé e no Vale do Anhangabaú em luta pelo fim da ditadura e pelo direito à eleição direta para presidente da República. A escolha desses lugares pelos organizadores, em geral ligados a movimentos sociais ou aos partidos políticos de esquerda da época, levava em conta a facilidade de acesso, bem como reconhecia que esses lugares eram referência para a população, que nessa área central trabalhava, realizava compras, utilizava os serviços públicos ali existentes ou simplesmente a utilizavam como lugar de passagem, já que nela existia a confluência e baldeação de várias opções dos transportes públicos.

O surgimento de novas centralidades, por sua vez, levou também à perda da potência que o centro tradicional tinha como referência de espaço e centralidade para a população. Os shopping centers afirmam-se, também, como a grande potencialidade para o consumo, ainda que o comércio popular de rua continue existindo no centro tradicional.

Assim, a perda do centro tradicional como referência de espaço social e de luta, ocorre a partir desse processo de surgimento de novas centralidades, que apontamos como criadas a partir de estratégias de incorporadoras imobiliárias e outros agentes hegemônicos. Hoje, a avenida Paulista constitui, tanto para os movimentos sociais organizados quanto para os movimentos ou grupos que defendem o *status quo*, como referência para as manifestações sociais.

Devemos nos lembrar que essa referência simbólica de centralidade social, em específico, foi construída a partir da estratégia promovida por uma instituição bancária – o banco Itaú –, que nos anos de 1990 promoveu uma enquete[6] em suas agências sobre qual seria o símbolo de São Paulo e cujo resultado divulgado seria a avenida Paulista. A difusão e criação da avenida Paulista como referência de centralidade simbólica social foi fomentada principalmente a partir da Copa do Mundo de Futebol de 1998, quando a Rede Globo montou palcos com telões para que as pessoas pudessem torcer pela seleção canarinho. Já a emissora concorrente, a Rede Bandeirantes, montou o mesmo tipo de aparato no Vale do Anhangabaú. Estava criada a guerra[7] em torno de qual centralidade tinha maior potência de aglomeração e difusão midiática dos eventos. Ao longo de duas décadas, a avenida Paulista afirmou-se como a centralidade simbólica da cidade e lugar disputado pelos mais diversos grupos sociais que procuram, a partir de sua apropriação e tomada, dar não só visibilidade, mas também mostrar sua força de poder e luta. Desse modo, o que foi criado com a intenção de enfraquecer a centralidade simbólica do centro tradicional acabou por também fazer parte, simbolicamente, da estratégia de luta dos movimentos sociais organizados.[8]

Outras centralidades, ao serem reformuladas, tendem a seguir a lógica de impedimento do uso pela população de baixo poder de consumo, reforçando processos de segregação socioespacial. A centralidade de Pinheiros, subcentro tradicional, passou, na segunda década do século XXI, por grandes transformações, inicialmente provocadas pela chegada de um benefício técnico para a sociedade – uma estação de metrô que poderia promover uma melhor mobilidade à população local a partir também da integração com o transporte ferroviário tradicional existente, mas cuja implantação serviu de álibi para uma operação urbana que promoveu grandes mudanças espaciais. O espaço foi transformado: os antigos comércios populares do Largo da Batata desapareceram, e uma grande praça, que a princípio deveria servir apenas de passagens aos transeuntes, surge como uma esplanada de cimento, assim como os pontos de ônibus são deslocados para outros locais nas proximidades, longe da visão dos que por ali passam. O lugar foi estrategicamente criado para promover uma higienização social, mas aos poucos foi apropriado a partir de outras estratégias, agora criadas por grupos culturais, e passou a ser ocupado aos finais de semana e em períodos específicos, como o carnaval. Além disso, essa centralidade também acabou por se tornar um espaço de manifestação política na zona Oeste da cidade.[9]

O par dialético: centro/periferia

Até os anos 1940, a cidade de São Paulo expandiu-se a partir de seu centro tradicional com o surgimento de subúrbios (conforme mostra Azevedo[10]), que eram áreas de transição entre as áreas rurais e urbanas, mas que tinham a potencialidade de vir a serem locais de crescimento social. Trata-se de áreas cujos lotes não eram de dimensões diminutas, o que permitia à família complementar seus rendimentos a partir da produção (em geral de subsistência) de alguns gêneros alimentícios.

É com a expansão da cidade, a partir do processo de industrialização que se apresenta com mais potência a partir dos anos 1950, mas que tem seu auge nos anos 1970, que se observa o surgimento e a expansão das periferias urbanas. O processo de modernização da cidade de São Paulo, marcado pela industrialização, promove uma mobilização de milhares de trabalhadores vindos tanto do Nordeste brasileiro, quanto do interior paulista (este último caracterizado pelo êxodo rural).

Em face de uma articulação do capital industrial com o imobiliário, a maior parte desses trabalhadores migrantes não consegue moradia nas áreas já urbanizadas da cidade (centro expandido e subcentros consolidados) devido aos altos preços do solo urbano e à escassez de moradias de aluguel, em parte em função da lei do inquilinato (anos 1940). Mas os trabalhadores têm que morar. Se no início do século as vilas operárias foram uma alternativa aos trabalhadores imigrantes europeus, depois da Lei do Inquilinato, cabe ao trabalhador resolver esses problemas. Numa aparente ausência do Estado,[11] empreendedores imobiliários passam a lotear terrenos para moradia em áreas distantes das centralidades existentes e sem o mínimo de infraestrutura. As periferias, assim, surgem como o lugar da possibilidade de morar para o trabalhador, que, em geral, terá que se responsabilizar pela construção de sua moradia. Segundo Langenbuch,[12] se até anos 1960 a termo "periferia" era utilizado para indicar locais distantes do centro, a partir dos anos 1970 a ciência geográfica incorpora da sociologia a dimensão de periferia como associada à pobreza e à precariedade.

Para Martins,[13] enquanto o subúrbio poderia ser o lugar da possibilidade de ascensão social, as periferias seriam o lugar da impossibilidade, o lugar da sobrevivência, mas não o da vida urbana. Não se pode negar que as periferias paulistanas dos anos 1980 eram marcadas pela carência e escassez, embora necessárias para a reprodução capitalista,[14] nem que seu centro era outro. Daí a importância na geografia brasileira urbana do par dialético centro/periferia nos trabalhos acadêmicos realizados na década de 1980.

Principalmente a partir do século XXI, muito se fala que a relação dialética centro/periferia não mais explicaria a realidade urbana brasileira, uma vez que as periferias, tendo sido urbanizadas, não seriam mais o local da escassez, o que quase gerou um abandono dessa temática. Mas será que fundamentalmente essa realidade mudou? O que vem acontecendo com as periferias? Como formulado aqui, estamos falando de *periferias*, ou seja, de muitas realidades. Hoje existem vários tipos de periferias, algumas já consolidadas, e com um determinado conteúdo, outras surgindo nas bordas da cidade e da região metropolitana, muitas vezes com realidades e paisagens parecidas com as dos anos 1970. Os processos, porém, que as constituem têm novos elementos.

O espaço está em constante transformação, já que é condição, meio e produto da sociedade capitalista moderna,[15] e é nos espaços metropolitanos que essa transformação se dá em um ritmo mais frenético, sendo, a partir deles, difundida para outros espaços, inclusive não metropolitanos, ainda que, muitas vezes, com menor intensidade e sendo incorporados a partir das realidades locais, com ou sem conflitos. As áreas periféricas, aparentemente desvalorizadas se comparadas às áreas centrais, o são apenas momentaneamente, constituindo, segundo Tello Robira,[16] espaços-reserva, isto é, espaços usados em momentos de crise de expansão e acumulação.

Aí temos um novo processo: as áreas periféricas que, no Brasil, surgem inicialmente como uma possibilidade de moradia para o trabalhador de baixo poder aquisitivo – que se sacrificava diariamente na mobilidade urbana e na precariedade e escassez de seu espaço possível de moradia – agora são um entrave à reprodução do capital, e por isso devem ser transformadas de modo radical.

Esse processo de transformação tem gerado conflitos entre os movimentos sociais organizados e a articulação do Estado e capitais imobiliários e financeiros, bem como aprofundado as segregações socioespaciais. Ao mesmo tempo que essas periferias se transformam, novas periferias surgem. Como aponta Damiani,[17] a periferia é provisória. Assim também, nelas a urbanização apresenta-se como um negócio.[18] A partir do momento em que determinado espaço (periférico ou central, mas classificado como degradado e desvalorizado) passa a ser incorporado pelas estratégias do mercado imobiliário, em geral articuladas com as do Estado,[19] temos como tendência uma imanente possibilidade de conflito. Diante disso, no movimento de incorporação e valorização, as populações, em geral, são criminalizadas, já que ocupam áreas tidas como ilegais, ou seja, são culpadas pela própria situação e penalizadas, muitas vezes com a expulsão daquela área, migrando na metrópole em busca de outros lugares para sobrevivência.

O contraditório desse processo é que um dos fundamentos do processo de reprodução capitalista, a propriedade privada do solo urbano, não é questionado, visto que se impõe na vida cotidiana. No Brasil, a partir de seu processo histórico, o direito à moradia está vinculado a ser proprietário privado do solo urbano, mesmo que de modo irregular. Assim, boa parte dos moradores das áreas periféricas, em especial os que moram em loteamentos irregulares, acreditam ter conquistado o direito à moradia, afinal, compraram um lote – mesmo que não tenham acesso à documentação que prove que são proprietários. São pessoas que conseguiram um lugar para morar, mas que continuam não tendo o direito à cidade, pois estão privados das riquezas socialmente produzidas. Continuam, em suma, com a precariedade ou a inexistência de serviços e equipamentos públicos, tais como coleta de lixo, iluminação pública, transporte público, sistemas de saúde, isso sem mencionar áreas de lazer e cultura, o que parece, nessa situação, um artigo de luxo.

Mas a conquista do lugar para morar, mesmo que sem os diretos fundamentais à vida, também é provisória, além de precária. Como dissemos anteriormente com base em Tello Robira,[20] no momento em que essas áreas periféricas (que eram tempo/lugar da sobrevivência da população de mais baixa renda, com grande aval e pouco ônus do Estado) passam a ser objeto de valorização do mercado imobiliário articulado ao Estado, o lugar da moradia para essas populações é colocado em risco. Discutiremos a partir daqui como a constituição de centralidades periféricas dialeticamente aproxima e distancia a população do direito à cidade.

A CONSTITUIÇÃO DE CENTRALIDADES PERIFÉRICAS E A MOBILIDADE FORÇADA DA POPULAÇÃO

Reconhecemos que em São Paulo a raridade do espaço[21] faz parte do processo de reprodução do capital e, frente a isso, para a realização do capital por meio do espaço é necessário que áreas que antes não faziam parte da lógica de reprodução do capital passem a fazê-lo. Nesse sentido, além das áreas mais centrais que sofreram com processos de desindustrialização – os quais as levaram à desvalorização imobiliária, posteriormente revertida por meio de Operações Urbanas que as revalorizam –, temos ao mesmo tempo e num mesmo movimento a incorporação e valorização de espaços para a reprodução do capital por meio da produção e reprodução do espaço, a partir da criação de centralidades periféricas capazes de recolocar o processo de expansão urbana não só do município, mas da metrópole como um todo.

Assim, áreas periféricas do município, como por exemplo Itaquera, na zona Leste de São Paulo, eram, no cotidiano da população que lá vivia e mesmo daqueles que só sabiam da sua existência a partir dos meios de comunicação, vistas como lugar da precariedade da infraestrutura e serviços. Uma área "onde Judas perdeu as botas", nos termos do ditado popular, na qual, além de loteamentos (regulares e irregulares) para pessoas de baixa renda nos anos de 1970, foram construídos os grandes conjuntos habitacionais, quando da existência de uma política pública, ainda que mínima, de acesso à habitação própria que tornava essas pessoas proprietárias de uma residência, mesmo que afastada de todo sentido de viver o urbano.

Do centro de São Paulo até Itaquera são cerca de 24 km que hoje podem ser percorridos com o uso do metrô em no mínimo 50 minutos, isso quando é possível entrar nos vagões que ficam superlotados boa parte do tempo. Mesmo assim, a chegada do metrô em Itaquera (linha vermelha do metrô) no ano de 1988 possibilitou uma melhora considerável na mobilidade de boa parcela da população que, para fazer o mesmo trajeto antes, ou se utilizava dos trens superlotados da CPTM[22] ou dos ônibus, demorando muito nesse percurso, pois nos anos de 1980 não existiam as faixas de ônibus[23] que hoje possibilitam uma maior velocidade aos veículos, bem como as linhas não tinham a regularidade de horários que hoje têm.

A chegada do metrô em Itaquera possibilitou mudanças no cotidiano das pessoas, assim como fomentou a centralidade local já existente em torno da estação de trem e dos pontos finais de ônibus. Nesses locais, pequenos comerciantes se instalaram a partir do fluxo de pessoas que para aí se dirigiam todos os dias para pegar os transportes que os levavam às áreas centrais da cidade, de onde podiam fazer baldeações e ir para outras partes do município e mesmo da região metropolitana de São Paulo, principalmente para trabalhar.

Essa centralidade é reforçada posteriormente com a inauguração do Shopping Itaquera (2007) e do estádio de Itaquera (o Itaquerão ou Arena Corinthians) para a Copa do Mundo de 2014. As obras do estádio tiveram início em 2011 e promoveram uma grande modificação espacial nessa área. Com essas informações, queremos chamar a atenção para o fato de que é a partir dos anos 2000 que efetivamente tem-se a constituição de uma centralidade, ainda que periférica da cidade, que auxilia na reprodução do capital ao tornar essa área, até então tida como distante e sem muito valor, e, portanto, relegada às populações de baixa renda, como potencial lugar de investimento do capital, em um processo que conjuga investimentos públicos[24] e privados.

Ainda que com a aparência de espaço planejado, o que para a maior parte das pessoas implica compreendê-lo como racional, lógico e até mesmo "harmonioso", onde tudo funciona (afinal, foi planejado), na prática está fundamentado na ordem da realização dos lucros. Trata-se da representação do espaço,[25] ou seja, da dimensão do concebido, conforme a tríade lefebvriana concebido/percebido/vivido, que se caracteriza pela aparente racionalidade, cientificidade e tecnificação. Ainda segundo Lefebvre,[26] foi com Le Corbusier que se "elabora uma representação do espaço tecnicista, cientificista, intelectualizada", que é, a nosso ver, o que marca o espaço concebido da atualidade. Se ele é apresentado à sociedade como "planejado", principalmente a partir das Operações Urbanas, então pôr em questão a estratégia colocada pelos técnicos (que aparentemente não são políticos, mas gestores[27] trabalhando a partir da racionalidade técnica e científica) é algo fora de cogitação.

Do mesmo modo, o reforço da centralidade periférica de Itaquera se dá a partir de uma Operação Urbana (O.U.), no caso denominada de O.U. Rio Verde-Jacu ou Plano de desenvolvimento da zona Leste. Para a realização do projeto, grandes glebas públicas que ficam no entorno do pátio de manobras da estação de metrô Itaquera foram disponibilizadas para implantação de projetos[28] públicos e privados, apesar de isso acarretar em remoções de comunidades e de moradores.[29] Os dados oficiais indicam que foram poucas as remoções (8) e desapropriações (26), entretanto, nada mencionam sobre as mudanças socioespaciais impostas aos moradores da área a partir do aumento tanto dos preços dos aluguéis quanto dos imóveis à venda.

Segundo dados FipeZap, os preços para venda do m^2 na região vão de R$ 1.500,00, em janeiro de 2008, a R$ 3.800,00, em janeiro de 2015. Já os aluguéis passam de R$ 10,00 m^2, em janeiro de 2008, para R$17,00 m^2, em janeiro de 2015. Essa variação força muitos moradores, por não conseguirem pagar os aluguéis ou por serem seduzidos/intimados a vender seus imóveis, a sair da área, indo para lugares mais afastados, muitas vezes abrindo novas frentes como verdadeiras pontas de lança na expansão da cidade. Acabam se encaminhando, em geral, para áreas de preservação ambiental, que se tornam o lugar possível da moradia, ainda que novamente provisória e, no atual contexto, criminalizável.

A criação de centralidades nas áreas periféricas faz parte do processo de reprodução do capital, que tem por princípio a desigualdade socioespacial. Segundo Lefebvre,[30] "[...] o espaço centralizado e concentrado serve ao mesmo tempo ao poder político e à produção material, otimizando os ganhos". Por outro lado, é também a partir das centralidades que as classes sociais, criando estratégias de luta, podem transgredir essa ordem posta.

Esse é o sentido da apropriação dos espaços públicos, sobretudo quando ocupados para o uso recreativo (do lazer, do descanso) e principalmente cívico, momento em que a ocupação de ruas e praças traz a potência do urbano como lugar privilegiado do encontro de diferentes na luta por direitos e posturas públicas que visem ao bem comum e não à manutenção do *status quo*. É, em resumo, lugar da criação, da invenção de estratégias de luta e apropriação.[31]

A ocupação de praças e de espaços públicos como as ruas – em especial nas centralidades existentes, ainda que hierarquizadas – torna-se estratégica na luta pelo direito à cidade, à cidadania e promove muitas vezes enfrentamentos entre as classes sociais, ao mesmo tempo que articula movimentos sociais em torno dessas disputas que põem em xeque a ordem estabelecida.

Esse processo faz com que a dimensão da metrópole seja destacada, pois localidades distantes entre si acabam por se articular nas estratégias de luta. Vejamos um exemplo disso: no início do mês de setembro de 2017, o Movimento dos Trabalhadores Sem-Teto ocupou uma área desocupada[32] em São Bernardo do Campo e abrigou mais de 6.500 famílias no local. Sendo possíveis alvos de ataques dos vizinhos e da ação da Polícia Militar em função da solicitação de reintegração de posse, várias ações no sentido de apoiar esse movimento e impedir ações de violência sobre essas famílias foram planejadas. Uma delas, e que acabou impedida de se realizar, foi um show de apoio com a presença de Caetano Veloso, grande nome da música popular brasileira (Figura 1). Frustrado naquele primeiro momento, o show realizou-se no dia 10/12/2017 no Largo da Batata em São Paulo, outra centralidade da metrópole paulistana, conforme já expusemos neste artigo.

Figura 1 – Ocupação Povo sem Medo, do MTST, em São Bernardo do Campo

Fonte: Disponível em: <https://cut.org.br/noticias/ocupacao-do-MTST-no-abc-paulista-sofre-atentado-a-tiros-0813/>. Acesso em 08 dez. 2017.

O show foi uma forma de marcar os 20 anos de existência e luta do MTST pelo direito à moradia digna aos trabalhadores que estão privados deste, mesmo a moradia sendo um dos direitos constitucionais do Brasil. A escolha do Largo da Batata, na zona Oeste da cidade de São Paulo, deu-se por esse espaço dessa centralidade da metrópole já ser simbolicamente um espaço de referência da luta dos movimentos sociais, principalmente no momento em que a democracia brasileira vem sendo ameaçada e em que direitos de expressão[33] são coibidos e criminalizados. O marco principal desse processo foi o *impeachment* da presidenta Dilma Rousseff e a indicação e posse de seu vice, Michel Temer, para o cargo. Além disso, na qualidade de um espaço de uma centralidade, o Largo da Batata oferece acesso a partir da estação Faria Lima de metrô,[34] bem como por meio de ônibus que chegam à região.

Queremos chamar a atenção sobre como os espaços metropolitanos se articulam a partir da tomada e apropriação das centralidades existentes pelos movimentos sociais. Nesse sentido, Lefebvre[35] indica que

> [...] a noção de centralidade se substitui àquela de totalidade. Ela a desloca, a relativiza, a dialetiza. Toda centralidade se constitui, depois se dispersa, se dissolve, estoura: saturação, perda, agressões etc. O que impede a fixação do "real" e o mobiliza sem tréguas. O que introduz uma figura geral (o centro e o descentramento) que dá lugar ao repetitivo como ao diferencial, ao tempo como à justaposição.

Acrescentaríamos, por fim, que a centralidade (essa que se constitui, que se dissolve) possibilita, além da justaposição, uma efetiva articulação entre os espaços metropolitanos, ora de modo conflitivo, ora de modo cooperativo.

Em suma, poderíamos dizer que a constituição de centralidades a partir dos processos de implosão/explosão do centro é um processo dialético, pois possibilita – pelo acesso, apropriação e uso de bens – que a população de mais baixa renda tenha acesso a uma melhoria da vida, ainda que de modo provisório, e, ao mesmo tempo, a exclui disso, já que do processo também participam Estado e iniciativa privada, que, juntos, auxiliam na promoção dessas centralidades a fim de garantir novas formas de reprodução do capital. Nesse cenário, as pequenas conquistas tornam-se fugazes demais, uma vez que tendem a ser perdidas nesse processo, daí o surgimento de conflitos e lutas pelo espaço.

Notas

1 Azevedo, 1961.

2 Lefebvre, 2008.

3 Idem, 1986.

4 Edifício inteligente é aquele capaz de oferecer um ambiente produtivo, com uma relação custo-benefício muito boa devido à otimização de seus sistemas, estrutura, serviços, gerenciamento e manutenção e ao seu tempo de vida útil. Informação disponível em: <http://paulomarin.com/Files/intelligent_building_article.pdf>. Acesso em: 13 nov. 2017.

5 Nas periferias, o que se tem de mais monumental, e que se tornou uma centralidade nas localidades onde foram instaladas, são os CEUs (Centro Educacional Unificado) da prefeitura de São Paulo. Os primeiros foram inaugurados na gestão da prefeita Marta Suplicy – PT (2001-2004). Quando inaugurados, receberam críticas principalmente dos partidos de oposição à governança do PT, mas devido à alta aceitação e popularidade, continuaram a ser construídos em outras gestões municipais. Hoje existem 46 CEUs no município de São Paulo. Esse projeto serviu de modelo à criação, por parte do governo federal em articulação com municípios, dos CEUs (Centro de Artes e Esportes Unificados), já presentes em várias unidades da federação.

6 O banco Itaú, com apoio da Rede Globo, patrocinou enquetes nas cidades de São Paulo e Porto Alegre nos anos 1990, buscando "eleger" o símbolo da cidade, o que posteriormente foi encampado oficialmente pela municipalidade.

7 Alves, 2010.

8 Em 2016, apenas a título de exemplo, tivemos movimentos que tomaram a av. Paulista pró e contra o *impeachment* de Dilma Rousseff. Durante o carnaval de 2017, o MST (Movimento dos Sem-Terra) e o MTST (Movimento dos Trabalhadores Sem-Teto) acamparam durante semanas em frente à estação Consolação do metrô e em frente ao Conjunto Nacional na av. Paulista. Ainda em 2017, vários movimentos contra a reforma trabalhista e previdenciária ocorreram na mesma avenida.

9 Durante o ano de 2017, nas várias manifestações contra a permanência do presidente Temer no poder, o Largo da Batata reformulado tornou-se lugar de concentração da população nos atos pela saída do então presidente e contra o golpe político instituído desde 2016.

10 Azevedo, 1958.

11 Rodrigues, 2007.

12 Langenbuch afirma, em seu depoimento à revista *Espaço & Debates* (2001), que até os anos 1970 o termo "periferia" na geografia significava apenas distante da área central, nas franjas da cidade, sem necessariamente ser associado com população de baixo poder aquisitivo e com pobreza e precariedade.

13 Martins, 2001.

14 O filme *O homem que virou suco* (Andrade, 1980), por exemplo, explorava a temática do trabalhador/industrialização/centralidade/periferia paulista.

15 Carlos, 2001.

16 Tello Robira, 2005.

17 Damiani, 2005.

18 Carlos, Volochko e Alvarez, 2016.

19 No caso paulista, por meio das Operações Urbanas e/ou a partir de investimentos, como a abertura de avenidas, ruas, pontes etc., ou mesmo com a instalação de equipamentos públicos como universidades, hospitais e CEUs.

20 Tello Robira, 2005.

21 Carlos, 2001.

22 Companhia Paulista de Trens Metropolitanos.

23 As primeiras faixas exclusivas de ônibus no município de São Paulo começaram a funcionar em 2003, durante a gestão da prefeita Marta Suplicy – PT (2001-2004).

24 No nível municipal, temos a proposição do Eixo de Desenvolvimento Arco Jacu-Pêssego, Lei 347/2015; no nível estadual, o credenciamento do Parque Tecnológico de São Paulo – zona Leste no Sistema Paulista de Parques Tecnológicos (SPTec) (2010) e, no nível federal, a implantação do *campus* zona Leste da Unifesp (2017).

25 Lefebvre, 2006.

26 Idem, 38.

27 Essa caracterização de gestor, e não de político, aparece como uma tendência que procura desqualificar a ideia de político da vida pública. Donald Trump (2017), presidente norte-americano, e o prefeito João Doria (2017), da cidade de São Paulo, representam esse espírito da negação da política.

28 De acordo com dados retirados do site Portal2014 (disponível em <http://www.portal2014.org.br/noticias/7226/CONHECA+A+OPERACAO+URBANA+DE+ITAQUERA.html>, acesso em 10 out. 2017), os projetos que foram idealizados para a área são: fórum judiciário; terminal rodoviário; Fatec/Etec (Faculdade de Tecnologia/Escola Técnica Estadual); Senai (Serviço Nacional de Aprendizagem Industrial); incubadora e laboratórios do futuro parque tecnológico da zona Leste; centro de convenções; batalhão da Polícia Militar; sede da instituição Dom Bosco e parque linear Rio Verde.

29 Não foi possível determinar o número oficial de pessoas e comunidades removidas. Nos documentos e sites governamentais existe a informação de que houve remoções, mas é sempre amenizada pelo número pequeno frente às transformações ocorridas. A única informação oficial, de janeiro de 2014, é que houve 8 remoções e 26 desapropriações para a construção de obras viárias na região. Já o blog da arquiteta Raquel Rolnik indica que as informações sobre essas remoções parecem cair em uma caixa preta, por não estarem disponíveis oficialmente.

30 Lefebvre, 2006, p. 8.

31 Buonfiglio (2004) relata em seu trabalho como o movimento dos sem-teto cria estratégias para ocupação, como exemplificado no caso de um imóvel no centro de São Paulo, que estava sem uso, mas parcialmente ocupado pelo movimento. Ludibriando a segurança existente (que deveria impedir novas ocupações) com a justificativa de que estavam indo à festa de aniversário de um dos ocupantes, os demais fizeram com que fogareiros, colchões e outros utensílios domésticos, todos embalados para presente, entrassem no prédio, possibilitando, assim, a manutenção da ocupação.

[32] Essa área está abandonada há mais de 40 anos, ou seja, não cumpre a função social da propriedade. Hoje é propriedade da MZM construtora.

[33] Desde 2016, mas com maior ênfase a partir de 2017, exposições artísticas que tratam de questões de gênero foram censuradas, bem como na universidade pública brasileira temas ligados à questão da terra, de gênero, por exemplo, foram alvo de retaliações por meio de ameaças nas redes virtuais e mesmo presenciais, com o impedimento de realização de eventos científicos. Sobre isso, ver nota de repúdio no link: <http://ppgh.fflch.usp.br/sites/ppgh.fflch.usp.br/files/manifesta%c3%a7%c3%a3o%20do%20ppgh%20contra%20os%20ataques%20%c3%a0%20universidade%20p%c3%bablica%20brasileira.pdf>, acesso em dez. 2017.

[34] A linha amarela, primeira linha privatizada do Metrô de São Paulo, da qual faz parte a estação Faria Lima, permite a baldeação a partir da CPTM, na estação Pinheiros.

[35] Lefebvre, 2006, p. 28.

Bibliografia

Alves, G. da A. *O uso do centro da cidade de São Paulo e sua possibilidade de apropriação.* São Paulo: FFLCH Edições, 2010. Disponível em: <http://gesp.fflch.usp.br/sites/gesp.fflch.usp.br/files/Livro_gloria.pdf>. Acesso em: 13 nov. 2017.

Azevedo, A. (Org.). *A cidade de São Paulo.* v. III. São Paulo: AGB, 1958.

______. "São Paulo: da vila quinhentista a metrópole regional". *Boletim Paulista de Geografia (BPG).* 39, São Paulo: AGB, 1961, pp. 12-46.

Buonfiglio, L. V. *Os espaços de vida provisórios*: os sem-teto do centro da cidade de São Paulo. São Paulo, 2004. Trabalho de Conclusão de Curso (Graduação em Geografia) – Faculdade de Filosofia, Letras e Ciências Humanas, Universidade de São Paulo.

Carlos, A. F. A. *Espaço-tempo na metrópole.* São Paulo: Contexto, 2001.

______. *A condição espacial.* São Paulo: Contexto, 2011.

______. (Org.). *A crise da cidade.* São Paulo: Contexto, 2015.

______; Volochko, D.; Alvarez, I. P. (Orgs.). *A cidade como negócio.* São Paulo: Contexto, 2016.

______; Alves, G. A.; Padua, R. F. (Orgs.). *Justiça espacial e o direito à cidade.* São Paulo: Contexto, 2017.

Damiani, A. L. A geografia e a produção do espaço da metrópole: entre o público e o privado. In: Carlos, A. F. A; Carreras, C. (Org.). "Urbanização e mundialização, estudos sobre a metrópole". *Novas abordagens: Geousp.* v. 4. São Paulo: Contexto, 2005, pp. 38-50.

O homem que virou suco. Direção de João Batista de Andrade. Produção de Embrafime; Raiz Produções Cinematográficas e Secretaria de Cultura do Estado de SP. Distribuição de Dinafilme; Embrafilme, 1980, 97 min.

Langenbuch, J. R. *A estruturação da Grande São Paulo, estudo de geografia urbana.* Rio de Janeiro: IBGE, 1971.

______. "Depoimento". *Espaço & Debates: Periferia Revisitada.* São Paulo, n. 42, 2001, pp. 75-99.

Lefebvre, H. *O direito à cidade.* 5. ed. São Paulo: Centauro, 2008 [1. ed. 1968].

______. *La production de l'espace.* Paris: Anthropos, 1986.

______. *A produção do espaço.* Trad. Grupo A (Im)possibilidade do Urbano na Metrópole Contemporânea do Núcleo de Geografia Urbana da UFMG. Belo Horizonte, 2006. Mimeo.

Martins, J. de S. *Subúrbio.* São Paulo: Hucitec, 1992.

______. "Depoimento". *Espaço & Debates: Periferia Revisitada.* São Paulo, n. 42, 2001, pp. 75-84.

Rodrigues, A. M. "Desigualdades socioespaciais – a luta pelo direito à cidade". *Cidades.* Presidente Prudente, v. 4, n. 6, 2007, pp. 73-88. Disponível em: <http://revista.fct.unesp.br/index.php/revistacidades/issue/view/66>. Acesso em: 14 set. 2017.

Tello Robira, R. Áreas metropolitanas espaços colonizados. In: Carlos, A. F. A; Carreras, C. (Orgs.). *Urbanização e mundialização.* Estudos sobre a metrópole. São Paulo: Contexto, 2005, pp. 9-20.

A PROPRIEDADE PRIVADA CAPITALISTA E AS TERRAS DE *NHANDERU*

Camila Salles de Faria

O discurso hodierno sobre a propriedade privada e sua mercantilização vem gradualmente atingindo o *status* de absoluto, natural e inexorável. Assim,

> [f]ala-se cada vez mais em arte e ideias como objetos de propriedade privada, coisas que as gerações mais antigas julgavam ser bens culturais pertencentes a humanidade. Temos testemunhado também a transformação em commodities de coisas que até poucos anos atrás pareciam fora do alcance de qualquer mercado. A honestidade das crianças, saberes antigos, água potável, o genoma humano – tudo isso está à venda.[1]

No entanto, este capítulo[2] propõe o debate de elementos que buscam negar tal discurso, ao entender que a propriedade privada da terra – objeto em questão – é produto histórico de relações sociais, uma vez que "em cada época histórica a propriedade tem se desenvolvido diferentemente e em uma série de relações sociais inteiramente diversas".[3] Desse modo, a propriedade é uma categoria de análise trans-histórica, presente em diferentes momentos da história humana, porém com os conteúdos particulares e específicos das sociedades.

No Brasil, a propriedade privada da terra sob a lógica capitalista tem se constituído por meio de um movimento desigual e contraditório. É inegável, portanto, sua importância tanto no plano econômico quanto no plano político, pois é o elemento que desde sua origem mantém o rentismo.

Seu caráter desigual revela temporalidades diversas, visto que, na leitura de Lênin,[4] os diferentes níveis – tais como o das forças produtivas e o das relações sociais – não ocorrem simultaneamente, da mesma maneira, no mesmo ritmo histórico, ou seja, não são uniformes e nem têm a mesma datação.[5] Disso resulta que, no atual momento histórico, coexistem a propriedade privada capitalista da terra e a não propriedade.

É preciso observar, contudo, que ambas não apenas coexistem estaticamente, mas se articulam e expressam o traço contraditório. Este se traduz na utilização (afirmação e negação) de relações não capitalistas na formação da propriedade privada da terra, uma vez que simplesmente não as exclui. Isso se dá porque, na lógica capitalista, a produção do capital, assim como sua reprodução ampliada, envolve mecanismos e procedimentos da acumulação primitiva (relações não capitalistas). Logo, "o resultado é capital, é capitalista, mas o modo de obtê-lo não o é".[6]

Há nesse processo, portanto, uma passagem conflituosa das terras de uso comum[7] para uma apropriação privada, fundada na dominação, e sua simultânea transformação em propriedade privada capitalista. Trata-se de momentos que revelam "como os *jurua* (não indígenas) se fizeram donos de nossas terras",[8] de acordo com uma liderança Guarani.

Tal processo traz a violência em seu cerne, não somente pela tomada das terras em si, mas também por todos os danos sociais, políticos e econômicos dele decorrentes, e, mais especificamente, pelos danos causados ao modo de ser/ viver Guarani (isto é, de sua existência física e espiritual). Dentre os diversos meios violentos empregados figuram a expulsão (e suas tentativas), a "limpeza do terreno" física e simbolicamente[9] e também o impedimento de os sujeitos usarem e permanecerem no local – que muitas vezes se impõe prática e representativamente por meio da cerca, do muro e da segurança armada. Ainda que ilegalmente – como na grilagem[10] –, tal violência ganha legitimidade, institucionaliza-se por meio de um papel (o título) e lastreia-se nos cartórios de registro de imóveis. É nesse momento, então, que se realiza o processo de expropriação.

Nesse sentido, a desigualdade é ressaltada, enquanto pressuposto, já que ao se configurar o sujeito como proprietário, cria-se concomitantemente o não proprietário, embora haja "o discurso dominante [que] promete a todos torná-los proprietários".[11] Ademais, tal discurso mascara toda a violência inerente ao processo que resulta na formação de uma sociedade desigual e que mantém concentradas as riquezas.

Estamos diante de diferentes formas (direta e indiretas) de tentativas de expulsão dos Guarani de suas terras ao longo dos séculos. Diretamente, isso tem se dado pelas muitas aparições de "supostos donos" das terras ocupadas pelos indígenas, que os ameaçavam, intimidavam e os levavam para morarem em outros locais. A existência de tal situação pode ser reforçada pelo que revelou o Sr. Aristides, do *Tekoa Tarumã Mirim*, em Araquari/SC, que contou sobre um desses momentos ocorridos no final na década 1980, na então *Tekoa Coverta,* área circunvizinha à sua atual aldeia:

> Foi quando começaram a mandar a gente sair... o pessoal entrou, aí o branco, aí lá na aldeia, do índio lá, disse que entraram armados né? Entrou na aldeia do índio, com arma, aí o Dionízio, marido da Sueli, cacique, chegou lá e pediu para [não] "fazer tiro", que podia matar ele, aí não "fizeram tiro", aí no outro dia o índio já tava com medo, aí saíram para Barra do Sul.[12]

Após a retirada dos indígenas por jagunços, a área foi vendida a uma importante indústria têxtil, que plantou eucalipto para seu abastecimento e ateou fogo nos pertences deixados pelos indígenas, como afirmou Sr. Miguel, que também esteve presente no momento e que é atualmente morador da Terra Indígena (TI) Jaraguá, em São Paulo (SP): "queimaram, queimaram tudo, para que não entrássemos mais lá".[13] A queimada dos pertences dos Guarani também revelou-se ao longo dos anos como uma estratégia de apagar os vestígios de sua presença, que visa reforçar o discurso de sua inexistência para que, dessa forma, os não indígenas envolvidos consigam negar seus direitos territoriais. Produz-se, assim, uma ideologia de cunho político/econômico, conforme afirma Brighenti,[14] segundo a qual os Guarani se tornaram "estrangeiros em suas terras" e são, pejorativamente, designados de "paraguaios".

Há, ainda, a expulsão pelo processo de colonização no oeste do Paraná, como recordou Assunção Benites, do *Tekoha Tajy Poty*, em Terra Roxa/PR:

> Pegavam os índios com força, polícia federal, e mandava fazer a picada pras fazendas. Fazia a picada onde tinha posto a baliza pra fazer a fazenda. Pra dividir a terra. Vinha a polícia e o fazendeiro. Ia dividindo. E daí quando ele faz tudo isso aí, daí mataram todos os índios. E enquanto nós estávamos aqui, o fazendeiro mandava outra turma de pistoleiro e matava tudo também para fazer fazenda. Isso foi em toda parte, toda parte é fazenda. Onde era tekoha virou fazenda [...]. Foi assim que aconteceu nessa região aqui. Mataram tudo! Mataram tudo! [...]. Falam que agora é fazenda, ou que a mata é reserva, mas é aldeia. Fizeram despejo![15]

Foi no processo de colonização dessa região, nos anos de 1950, que Sr. Assunção viu seus pais serem mortos e por isso fugiu do local. Essas ações violentas ocorreram na presença (da polícia) e com conivência do estado do Paraná,[16] durante o governo de Moisés Lupion, que foi marcado pela corrupção e pela grilagem institucionalizada, quando foram doadas e vendidas áreas que não lhe pertenciam, como as federais (faixa de fronteira) e aquelas já tituladas, duplicando uma série de títulos.[17]

Anos depois, no final da década de 1970 e início de 1980, o governo federal também teve sua participação diretamente no esbulho territorial dos Guarani com a construção da barragem de Itaipu e o alagamento das terras dos indígenas na formação da represa. Os depoimentos relatam as tentativas de retirada dos indígenas pelo Instituto de Colonização e Reforma Agrária (Incra). Conforme constatou Carvalho, em sua tese de 2013,

> [e]m 1973 parte das terras dessa aldeia foram invadidas por representantes do Incra, armados, os quais expulsaram os Guarani, sendo seu lugar, ali reassentados colonos que haviam sido obrigados a se retirar do Parque Nacional do Iguaçu. A parte restante do território, onde os Guarani ficaram reduzidos entre o rio Paraná e os colonos que ocuparam suas terras, foi mais tarde coberta pelas águas do reservatório da Usina Hidrelétrica de Itaipu em 1982.[18]

Muitas famílias Guarani que moravam em agrupamentos ao longo do rio Paraná (da antiga Sete Quedas, no município de Guaíra, até Foz do Iguaçu) foram expulsas pelo alagamento em si, ou, como contam, quando a "água cresceu". Muitos reclamaram do desconhecimento da ação, outros viram seus parentes serem mortos porque se negaram a sair, e a maioria foi levada à força para o Paraguai ou mesmo para o Mato Grosso Sul, na outra margem do rio.

As remoções forçadas dos indígenas de suas terras durante o período da ditadura não se restringem ao caso de Itaipu, como consta no relatório da Comissão Nacional da Verdade (CNV), de acordo com o qual a

> [...] União estabeleceu condições propícias ao esbulho de terras indígenas e se caracterizou majoritariamente (mas não exclusivamente) pela omissão, acobertando o poder local, interesses privados e deixando de fiscalizar a corrupção em seus quadros.[19]

Segundo esse documento, foram os planos governamentais que desencadearam as expulsões dos indígenas de suas terras, com o processo de colonização e a titulação das mesmas. Acrescentaram-se a isso as fraudes nas emissões de certidões negativas pela Funai, que atestavam falsamente a inexistência de indígenas, principalmente na Amazônia Legal, para que as terras pudessem ser tituladas.[20] Ademais, foi nesse período que se adotou como política indigenista o fortalecimento de Reservas e Postos indígenas, nos quais juntavam-se diferentes povos aos quais se impunha um modelo de agricultura, trabalho e desenvolvimento totalmente diferentes daqueles realizados por essas populações.

A expulsão e suas tentativas não se restringem ao passado dos Guarani, mas continuam no presente, principalmente nas regiões em que não foi finalizado o processo administrativo de reconhecimento do direito territorial indígena (as identificações em Terras Indígenas). Nesses lugares, a violência (em suas diferentes formas) torna-se cotidiana e ocorrem desde ameaças verbais a agressões físicas e intimidações, que estão diretamente relacionadas com a permanência dos indígenas nessas terras em disputa.

É neste contexto que se destacam também outras estratégias de expulsão dos indígenas das terras em disputa por meio do cerceamento de seus usos, quando diversos empreendimentos buscam incessantemente garantir a reprodução ampliada de seu capital. Uma delas é a crescente utilização dos agrotóxicos[21] pelos produtores circunvizinhos, que restringe a presença dos Guarani em suas terras e que ocorre de forma direta ou indiretamente. De fato, o cerceamento é direto em casos em que são utilizados estrategicamente como arma química,[22] ao serem aspergidos sobre as aldeias, afetando a saúde deles e destruindo suas criações, sementes tradicionais e plantios de um modo geral. Acontece indiretamente, por sua vez, quando sua permanência na terra é impactada pelas consequências maléficas da contaminação da água, do solo e da vegetação pela aspersão nas lavouras do entorno, colocando-os em risco, da mesma maneira. Essa tática torna-se uma ameaça à existência (física e espiritual) dos Guarani, conforme relatou uma liderança do *Tekoha Araguaju*, em Terra Roxa/PR:

> O avião passava baixinho e abria aquela torneira. Daí baixava aquela cerração. E depois aquele cheiro que entrava no nariz e dava ânsia de vômito, dor de barriga e dor de cabeça. As crianças tinham diarreia. Eu tinha umas galinhas e uns patinhos, morreram tudo. Eu tinha uns pés de feijão, mas aquele veneno torrou meu feijão. Até o mamoeiro que eu tinha plantado começou a secar. Sofremos muito aqui.[23]

Outra forma de ameaça à permanência dos Guarani em suas terras é pela via judicial, principalmente nas instâncias regionais, que julgam as ações de reintegração de posse contra os indígenas com uma interpretação tendenciosa das leis, principalmente da Constituição Federal de 1988, que, a princípio, garantiriam a regularização da posse desse povo às suas terras. Muitas vezes, utilizam-se da força policial ou da ameaça de seu envio para o cumprimento da decisão e remoção dos indígenas. Um exemplo disso é o que ocorreu em 2006, quando foram forçados a desocupar a área em disputa do *Tekoha Itakupe* e retornar para outra aldeia (*Tekoa Pyau*) na TI Jaraguá em São Paulo. Nas palavras de Eunice é possível ter uma visão sobre o ocorrido: "o pessoal ia tirar a gente à força, então nós saímos de lá e voltamos para cá". Assim, saíram naquele momento receosos de uma possível violência maior e de uma retirada à força diante das ameaças de envio da polícia, tendo, todavia, retornado em 2014. No entanto, o processo judicial, as ameaças e as tentativas de expulsão continuam.[24]

Desse modo, historicamente essas ações violentas da acumulação primitiva são legitimadas pelo Estado em favor do poderio econômico e consolidam uma aliança.[25] Isso ocorre desde o domínio da Coroa Portuguesa, que se apossou do território brasileiro pelo "direito de conquista" e o distribuiu gratuitamente a particulares (por meio das sesmarias) como se estivesse "vazio", "desocupado" e "livre", de forma que negou, em suma, a presença dos indígenas.[26] Posteriormente, durante a República, essas concessões foram transformadas em propriedade privada. Na verdade, a sesmaria foi o sistema jurídico que sedimentou a propriedade legal da terra, garantida por meio de um documento que "referendava a propriedade para alguns, em detrimento de outros".[27]

Ressalta-se que essas concessões (sesmarias) apresentavam limites imprecisos, que se sobrepunham a áreas já concedidas e a outras que não eram de domínio da Coroa, mas dos municípios (como os rocios, terras comuns). Além do mais, não se cumpriu a obrigatoriedade da relação entre concessão e uso da terra, e houve uma concentração das terras nas mãos de poucos indivíduos, pois "os sesmeiros entregavam as terras para si mesmos e seus próximos, familiares e amigos".[28] Foi, portanto, neste período das concessões sesmariais que se consolidou o latifúndio e a manutenção do poder econômico e político de uma elite agrária, visto que, para "esses senhores", o que importava era resguardar o poder e o limite de suas terras, os quais estavam ligados a relações constantemente recriadas.[29]

> Significava, além disso, ser reconhecido pelos vizinhos como um confrontante e relacionava-se também à possibilidade de expandir suas terras para além das fronteiras originais, ocupando terras devolutas ou apossando-se de áreas antes ocupadas por outrem.[30]

Esses "senhores de terras", durante o período das sesmarias e, em seguida, após 1822 – momento histórico denominado por Silva[31] como a "fase áurea do posseiro" –, tinham o intuito de estender suas posses, apropriar-se privadamente de mais terras públicas, sem necessariamente cultivá-las. Posteriormente, fazendo uso das legislações criadas, regularizaram seus "grandes grilos" sob a forma de propriedade privada capitalista. Dentre esses instrumentos jurídicos criados destaca-se a Lei de Terras (Lei n. 601, de 1850), que legitimou tanto as sesmarias quanto as posses de quaisquer tamanhos levadas a registro. Tal fato resultou em uma apropriação privada desigual do patrimônio público, que passou a se configurar como propriedade privada, reconhecida e regulamentada pelo Estado.

Da mesma forma ocorreu no século seguinte, durante o governo de Getúlio Vargas, pelo Decreto n.º 19.924, de 27 de abril de 1931, por meio do qual o Estado reconheceu que suas terras vinham sendo "invadidas, ou até usurpadas mediante artifícios fraudulentos e criminosos, inclusive a simulação de títulos antigos de propriedade" e cabendo àqueles responsáveis por essas "falsificações" a punição. Entretanto, ao mesmo tempo, o Estado legalizou parte dessas apropriações privadas (concedidas ilegalmente pelos estados) e tornou legítima a "transferência" das terras públicas para particulares. Como ressaltou Silva,

> [...] Governo Provisório procurou contentar a todos: reconheceu as concessões de terras processadas pelo regime anterior, mas consagrou dali para frente a posição daqueles que sustentavam que a transcrição era indispensável para a validade dos títulos de terras.[32]

Nesse sentido, o Estado historicamente "abriu mão do controle do seu território"[33] em favor de uma elite agrária e ainda o faz. Trata-se, pois, de um processo conflituoso que perdura até os dias de hoje, não só pelos métodos nada "idílicos" da implantação da propriedade privada, mas porque o Estado homologa constantemente uma série de instrumentos jurídicos de regularização fundiária[34] e os ratifica em detrimento do uso comum das terras.

O uso condicionou-se à relação de mercadoria (compra e venda) e, com isso, ao estatuto do "ter" presente na propriedade privada capitalista terra. Assim, uma esfera de análise possível dar-se-ia na relação entre "ter" e "usar",[35] uma vez que

> [a] propriedade privada nos fez tão estúpidos e unilaterais que um objeto é nosso somente quanto o temos, quer dizer, quando representa para nós um capital, ou é possuído por nós diretamente, comido, bebido, conduzido ao nosso corpo, habitado etc.; em resumo, quando o usamos.[36]

No entanto, o "ter" e o "usar", quando se trata da propriedade privada territorial, não necessariamente caminham lado a lado, diferentemente das "outras mercadorias em que o 'ter' é condição do 'usar' e o 'usar' é realização do 'ter'", como ressalta Martins.[37] Pode ocorrer que quem a tenha não a use, determinando-se, dessa maneira, um caráter absenteísta (ou absentista[38]) ao proprietário e "permitindo" o uso daqueles que ali sempre ocuparam. Destaca-se a ocorrência da estratégia da utilização da presença indígena no imóvel como argumento para a manutenção da posse para um não indígena. Depois de obter o título, e com isso a constituição da propriedade privada capitalista da terra, o não indígena não se furta de tentativas, inclusive judiciais, de expulsão dos Guarani dessas mesmas terras. Desse modo, constata-se que o processo de constituição da propriedade privada supracitada não ocorre de maneira linear e nem integralmente.

Ademais, há a possibilidade do absenteísta enriquecer sem usar a terra, por meio da venda ou mesmo da produção de renda. De fato, a "[...] terra pode produzir renda sem estar sendo utilizada, mesmo estando em mãos do seu proprietário legítimo", como afirma Martins,[39] por meio da "elevação dos preços da terra acima da taxa de inflação, o que representa um ganho real para os proprietários independentemente de darem a essas terras qualquer destino útil". Contudo, esse direito absoluto da propriedade privada foi se relativizando ao longo do século XX, nas Constituições Federais desde 1934 até 1967, mas principalmente a partir da de 1988, quando ficou submetido ao cumprimento de sua função social. Nem sempre, porém, as sanções acontecem automaticamente, pois é necessário que outros sujeitos contestem.

Na propriedade privada também há exclusividade do uso, porque aquilo de que um se apropria privadamente o outro não usa, ou seja, há a negação do outro, ratificada pelo "ter". Desse modo, com a propriedade privada capitalista o uso só pode ser traduzido em termos monetários, e o acesso à terra fica restrito a quem pode pagar, porque a terra possui um preço. É nessa medida que tal processo fundamenta a desigualdade, porque indica o lugar social dos indivíduos, como identificou Carlos,[40] ao formular que

> [a] propriedade como fundamento revela em sua origem uma desigualdade que se realiza enquanto relação de poder, isto é, pela separação e diferenciação dos grupos e classes, baseadas no lugar que estes ocupam no processo de produção da riqueza social. Da mesma forma, ela delimita o lugar destes na distribuição da própria riqueza, iluminando as condições de propriedade que sustentam as relações de dominação e apropriação do mundo humano.

Historicamente, a terra no Brasil foi sendo transformada em "negócio capitalista" e um equivalente de mercadoria, isto é, exprime seu valor de uso e seu valor de troca indissociavelmente. Segundo Martins,

> [a] terra não é produto do trabalho, é finita e imóvel. É uma mercadoria que não circula; em seu lugar circula seu representante, o título de propriedade. O que se compra e vende não é a própria coisa, mas seu símbolo.[41]

Esse "negócio capitalista" não se refere apenas à especulação no ato de sua comercialização, que gera a renda capitalizada, mas ocorre também quando ela assume a forma de capital, quando o "proprietário faz investimentos produtivos na terra", pois "a terra quando não é explorada como meio de produção, não é um capital".[42]

Sob a lógica capitalista, portanto, a terra dissipa o sentido de "bem comum" e hegemonicamente fundamenta-se na propriedade privada, visando ao lucro (ao sobrelucro, à renda da terra) e à acumulação/concentração das riquezas e do capital. Pertence, dessa forma, ao proprietário que a comprou ou dela se apossou privadamente (grilagem).

O sentido, assim, torna-se radicalmente diferente daquele expresso no uso comum da terra pelos Guarani, em que se destaca o pertencimento, cujo conteúdo remete a uma parte integrante do próprio corpo do indígena, e expressa a relação sociedade-natureza fundamentada em sua cultura. A terra para o Guarani não é uma coisa, um objeto, uma mercadoria, mas é "um espaço religioso, sagrado, de ocupação coletiva, da produção cultural".[43]

Percebe-se nitidamente essa diferença nas conversas e nas entrevistas realizadas com os Guarani:

> A terra para os Guarani tem uma importância muito grande. Quando Deus fez a terra, quando *Nhanderu* fez todas as coisas aqui na terra, ele fez pra que todos os seres vivos pudessem viver nela. Portanto, a terra em si não é de ninguém, a terra tem um único deus, um único dono, na verdade, porque os Guarani entendem que a terra é de *Nhanderu*, pertence a ele. [...]. Portanto, o dono da terra é *Nhanderu*, portanto a terra não pertence a gente, a terra não é de ninguém. Deus fez a terra não é pra alguém depois dizer assim – "ah essa terra é minha, essa terra já tem dono". O único dono foi *Nhanderu*. Na verdade nós é que pertencemos à terra, não é a terra que nos pertence" (Paulina Martines, da *Tekoha Y'Hovy*, município de Guaíra/PR)[44]

Paulina expõe o conteúdo desse pertencimento do povo Guarani à terra (o povo é *yvypora*, "da terra"), e, segundo a cosmologia do seu povo, a mesma pertence à divindade – neste caso, *Nhanderu* (nosso pai) –, que a criou e a deu de presente a todos os povos para nela viverem. Como esclarece Sr. Damásio Martines, também do *Tekoha Y'Hovy*, "*Nhanderu* não colocou preço pra terra ser vendida, ele deu de graça pra todos poderem viver nela, e hoje nossa própria terra os brancos querem vender para nós".

A terra para os Guarani ganha o sentido de doação, de dádiva que não pode ser adquirida, mas usada, para que não perca esse sentido, conforme indicam Mauss e Hyde.[45] Além do mais, para os autores, esse "contrato de doação" realiza-se coletivamente, e não individualmente, o que quer dizer que *Nhanderu* presenteia a todos com a terra, inclusive o povo Guarani.

> Nós pertencemos à terra, é onde temos o nosso *teko ka'aguy* (fragmento de mata) que o *Nhanderu* nos deixou, e que sempre está sendo repassado de geração para geração. Por isso, leis que estão escritas no papel nunca conseguirão acabar com o nosso *teko*, porque isso nunca conseguiram e nem conseguirão atingir.
>
> Mas dentro do nosso *teko ka'aguy* não tem necessidade de papel com título de terra para provarmos que essa terra é nossa, porque os meus pais nunca precisaram comprar de ninguém, *Nhanderu* não vendeu essa terra para os brancos, a terra não é mercadoria. Nós, Guarani, nunca vendemos as nossas terras, e os brancos sempre têm o argumento de que compraram a terra e pagaram, mas com certeza nunca vão encontrar uma documentação dizendo que um Guarani vendeu as terras, a assinatura de um Guarani vendendo essas terra nunca será encontrada. (Raul Medina, do *Tekoha Yvyraty Porã,* município de Terra Roxa/PR)[46]

Essa concepção do mundo faz com que não interesse ao Guarani, como a lógica capitalista propõe, "qualquer pedaço de terra" ou "qualquer lugar", mas aquela terra pertencente ao seu povo, ou seja, o lugar onde nasceram;[47] e/ou onde tenham seus parentes enterrados; e/ou onde possam encontrar a "terra sem males"; e/ou aquele revelado em um sonho; e/ou onde possam desenvolver o *nhandereko* (modo de ser/viver Guarani).

Ademais, é inadmissível para os Guarani que a terra tenha um dono que não seja uma divindade ou que tenha um preço e que dela possa se extrair algum dinheiro. Como afirmou Bastião Akaé, rezador do *Tekoa Pyau*, da TI Jaraguá, no município de São Paulo/SP: "Não queremos terra para ganhar dinheiro, mas para criar nossos filhos, segundo nossas tradições".[48] Do mesmo modo, como ressalta Hyde,[49] "o crescente valor da dádiva está no sentimento, não pode ser contado nem pesado em uma balança", ou, ainda, quantificado para fins mercantis, ou, em síntese, ser transformado em equivalente de mercadoria.

Da mesma forma, questiona Carlos Ribeiro do *Tekoa* Conquista, em Araquari/SC:

> Isso aí é brincadeira. *Nhanderu* não criou o rio assim, não criou a mata, não criou a terra pra se vender. Como é que o cara fica achando que a terra é dele, que o mato é dele, que os bichinhos são dele, isso aí não tem lógica nenhuma, nenhuma, até pro governo não tem isso aí [...]. Não pode dizer que é dono da terra, isso aí. *Nhanderu* não criou isso aí, ele não falou assim: "Ô, essa terra aqui, esse pedacinho aqui é pra você. Pode ir ao cartório e assinar que a terra é sua". Não existe isso. Isso aí é uma [...] falta de respeito, não só pra nós, mas diante de *Nhanderu*.[50]

A indignação da liderança Guarani pode ser explicada pelo fato de que nos contratos de dádivas, segundo Mauss,[51] o presente conserva algo do doador, daí a explicação de por que a terra também é sagrada. Como o ato de doação, a dádiva cria uma sociabilidade (reciprocidade) com o doador diferentemente daquela negociação estabelecida no mercado, na qual é imposta a equivalência de não equivalentes.

É nessa medida que os presentes ou as doações não são formas de propriedades primitivas[52] ou indígenas, ou qualquer outra forma de propriedade, mas uma dádiva, ou melhor, a terra, segundo essa racionalidade, torna-se uma não propriedade.

Assim, a não propriedade Guarani coexiste conflituosamente com a propriedade privada capitalista, que se constitui hegemonicamente e confronta a resistência indígena, pautada no uso e na apropriação comunitária de suas terras. Ademais, considerando os meios hostis utilizados em seu processo de constituição, há o cercamento dessas terras, que promovem a redução e o confinamento dos indígenas. Isso ocorre porque a lógica da constituição da propriedade privada capitalista pauta-se na imposição do arame farpado, do muro, das placas de "proibida a entrada, propriedade particular", como forma de proteger e restringir tanto o acesso como o contato dos de dentro com os de fora, e, com isso, "cerca-se tudo", até mesmo as terras indígenas.[53] A propriedade privada, pois, cerceia a presença dos Guarani em terras sempre usadas e destrói nos indígenas o sentimento de liberdade em relação à sua mobilidade, principalmente entre os mais velhos que comumente afirmam nas conversas: "antes éramos livres, agora não mais". Esse mesmo sentimento pode ser percebido, ainda, no exemplo do discurso de Maurício Gonçalves, liderança Guarani:

> Antigamente, antes dos *jurua* (não indígenas) virem, nós não tínhamos lei, não havia lei que dizia que esta terra era Guarani, esta terra era de outro índio, essa terra não pode ser do índio... Na nossa terra não havia limite, nós vivíamos livremente, tínhamos liberdade para viajar, para procurar outras matas, de ponta a ponta tínhamos liberdade e hoje nós vivemos em uma terra onde os limites são colocados, os *jurua* se apossaram de tudo. Para enfrentar essa limitação nós precisamos nos organizar, para lutar e defender nossos direitos. [...] Os *jurua* (não indígenas) avançaram tanto que hoje as nossas terras estão praticamente todas nas mãos dos *jurua*. Para nossa sobrevivência nós precisamos das terras, elas têm que ser demarcadas pelo governo.[54]

Este depoimento demonstra o processo da tomada das terras pelos não indígenas, tendo restado aos indígenas ("para sua sobrevivência") somente a luta pela regularização fundiária, expressa no reconhecimento do direito territorial, que se consolida por meio da demarcação das terras tradicionalmente ocupadas pelos Guarani (conforme o artigo 231 da Constituição Federal de 1988). No entanto, contraditoriamente, a identificação das terras indígenas como TI (Terra Indígena) submete a comunidade a uma série de normas, que não somente fixam, reduzem e limitam os espaços historicamente ocupados, como também fragmentam o território do povo Guarani (*Yvy rupa*),[55] dissipando seu sentimento de liberdade. A razão disso tem a ver com o fato de que a TI se refere a um espaço produto da homogeneização do Estado, que é quem fará sua identificação, delimitação, demarcação, homologação, e, logo, regularização. Como expôs Gallois,[56] "a 'Terra Indígena' diz respeito ao processo político-jurídico conduzido sob a égide do Estado". Por essa razão, até o último quartel do século XX a TI era algo preterido pelos indígenas anciões e pelas lideranças religiosas, principalmente.

Nesse sentido, atualmente a identificação como TI passa a ser uma estratégia de luta em um projeto político e social que envolve a possibilidade e garantia da existência (física e espiritual) como Guarani, além de sua autonomia para exercer seu modo de ser/viver (*nhandereko*). É nesse processo de luta que os Guarani resistem, retomam suas terras, reafirma-se territorialmente, o que se configura como o reencontro da possibilidade do uso das terras em disputa e que lhes foram violentamente tomadas.

Não há, portanto, como tornar absoluta a propriedade privada capitalista, nem naturalizá-la como um bem incontestável, ou mesmo tratá-la como fruto de um processo evolutivo da sociedade. Isso porque ao entendê-la como produto histórico das relações sociais capitalistas desvelam-se todos os conflitos e as violências inerentes ao processo. Assim também vem à tona a aliança dos poderes político e econômico na legalização da grilagem (apropriação privada de terras públicas), na concentração de riqueza, e, em resumo, na manutenção de um poder de uma sociedade desigual.

Notas

1 Hyde, 2010, p. 10.
2 Este capítulo apresenta parte da nossa pesquisa de doutorado.
3 Marx e Engels, 1980, p. 132.
4 Lênin, 1982.
5 Martins, 1996.
6 Martins, 2009, p. 82.
7 Entende-se por terras comuns não somente os rocios existentes em São Paulo até o século XIX (Glezer, 1992; Abreu, 2011), como também as terras indígenas e de quilombolas que perduram até os dias atuais. Contudo, este texto evidenciará apenas a análise das terras indígenas Guarani.
8 Explicação elaborada por uma liderança da atual TI Jaraguá no dia 31 de julho de 2015, quando, em reunião com o Ministério Público, discutia-se a inconsistência da cadeia dominial do título de um pretenso proprietário que mantém uma ação de reintegração de posse contra os indígenas.
9 O termo "limpeza do terreno" provém do último momento do processo de expropriação que, segundo Marx (2006), "consiste em varrer deste os seres humanos".
10 O termo "grilagem" inicialmente remete à prática de falsificar documentos dando-lhes uma aparência envelhecida. Recém-elaborados, tais documentos eram colocados em uma caixa fechada contendo grilos. Semanas depois, os papéis apresentavam manchas, causadas pelas fezes dos insetos, além de pequenos orifícios na superfície e bordas corroídas. Tudo isso para supostamente indicar a ação do tempo e tornar o documento apto à legitimação da posse. Entretanto sua definição não se restringe somente à "fabricação" de títulos falsos, mas abrange toda ação ilegal de apropriação privada de terra pública.
11 Bensaid, 2007.
12 Carvalho, 2008, p. 52.
13 Em conversa realizada em fevereiro de 2015 no *Tekoa Pyau*, na TI Jaraguá.
14 Brighenti, 2010.
15 Depoimento colhido em julho de 2013.
16 A colonizadora responsável pela região era estadual (Fundação Paranaense de Colonização e Imigração – FPCI).
17 Brasil, 1999.
18 Carvalho, 2013, p. 329.
19 Brasil, 2014, p. 204.
20 Fato que veio à tona na Comissão de Inquérito Parlamentar quando o então presidente da Funai general Ismarth Araújo de Oliveira admitiu que o "órgão não tinha total conhecimento das áreas habitadas por populações indígenas e que, portanto, não havia condições de determinar com exatidão se havia ou não habitantes nas áreas pleiteadas por investidores". (Brasil, 2014, p. 213). Contudo, as emissões das certidões negativas pela Funai continuaram.

[21] Essa estratégia foi discutida no texto intitulado "Vidas Envenenadas: cerceamento à reafirmação territorial dos Ava Guarani de Guaíra e Terra Roxa pela utilização de agrotóxicos", em coautoria com Teresa B. de Holanda e Paula Camargo, apresentado no Simpósio Internacional de Geografia Agrária (Singa) em novembro de 2017.

[22] A utilização dos agrotóxicos como arma química remonta à sua origem, pois antes de serem destinados à agricultura serviam como arma de guerras (1ª e 2ª Guerras Mundiais e principalmente na Guerra do Vietnã). Tem se tornado uma prática dos produtores vizinhos onde há terra em disputa, com indígenas, posseiros, assentados, entre outros.

[23] CGY, 2017, p. 163.

[24] O autor da ação contra os indígenas é Antonio Tito Costa, advogado que atuou como político entre 1977 e 1996 – pelo Partido do Movimento Democrático Brasileiro (PMDB) –, tendo exercido os cargos de vereador de Torrinha, prefeito de São Bernardo do Campo, deputado federal constituinte pelo estado de São Paulo e vice-prefeito de São Bernardo do Campo.

[25] Martins, 1994.

[26] Abreu, 2011; Smith, 2008; Silva, 2002.

[27] Motta, 2009, p. 219.

[28] Marés, 2003, p. 61.

[29] Motta, 2008, p. 42.

[30] Idem, p. 44.

[31] Silva, 1996.

[32] Idem, p. 327.

[33] Segundo Martins (2008), "desde nossa primeira Constituição Republicana, o governo da União, ao transferir o domínio das terras devolutas para aos Estados da Federação, na prática abriu mão do território em favor do repasse dessas terras a particulares".

[34] Em 11 de julho de 2017 foi sancionada a Lei nº 13.465 que dispõe sobre a regularização fundiária de terras urbanas e rurais na Amazônia. Essa lei ficou popularmente conhecida como a "MP da Grilagem", pois permite a legitimação de grandes imóveis com até 2,5 mil hectares (art. 6º). Ou seja, transforma em propriedade privada grandes grilos (apropriações privadas ilegais de terras públicas).

[35] Martins, 1988.

[36] Marx e Engels, 1980, p. 109, tradução nossa.

[37] Martins, 1988, p. 33.

[38] Marés, 2003.

[39] Idem, pp. 33-4.

[40] Carlos, 2011, p. 47.

[41] Martins, 1988, p. 33.

[42] Marx, 2009, p. 181.

[43] Brighenti, 2010, p. 262.

[44] Em entrevista realizada em julho de 2012.

[45] Mauss, 2003; Hyde, 2010.

[46] Entrevista realizada em julho de 2014.

[47] Os Guarani enterram a placenta e o umbigo do recém-nascido no local de nascimento, o que se configura como mais um dos conteúdos do pertencimento à terra.

[48] Em reportagem intitulada "Justiça Federal autoriza reintegração de posse em aldeia indígena no Jaraguá, em São Paulo", publicada pela *Rede Brasil Atual* em 8 de abril de 2015.

[49] Hyde, 2010, p. 71.

[50] Entrevista realizada em 13 de janeiro de 2014.

[51] Mauss, 2003.

[52] Hyde, 2010.

[53] Martins, 1988.

[54] Discurso pronunciado em 2010, na TI Estiva (RS), posteriormente publicado pelo Instituto Socioambiental (2011, p. 718).

[55] O território não se revela somente como aquele histórico, isto é, como algo estático relacionado ao passado, mas como produto das relações sociais materiais e imateriais (por meio da espiritualidade e da reza, por exemplo) existentes entre as diversas aldeias (*tekoa*) Guarani. Reflete sua visão de mundo, segundo a qual não há um limite (delimitação física) preciso, nem fronteiras entre os países (Brasil, Argentina e Paraguai), mas ao mesmo tempo comtempla as ocupações permeadas pela lógica capitalista e de outras populações tradicionais.

[56] Gallois, 2004, p. 39.

Bibliografia

Abreu, M. de A. "A apropriação do território no Brasil colonial". *Cidades*. Presidente Prudente: Grupo de Estudos Urbanos, v. 8, n. 14, 2011, pp. 539-68.

Bensaid, D. *Les dépossédés*: Karl Marx, les voleurs de bois et le droit des pauvres. Paris: La Fabrique Éditions, 2007.

Brasil. Comissão Nacional da Verdade. Violações dos direitos humanos dos povos indígenas. In: *Relatório*: textos temáticos. v. 2. Brasília: CNV, 2014. pp. 203-56. Disponível em: <http://www.cnv.gov.br/images/pdf/relatorio/volume_2_digital.pdf>. Acesso em: 2 out. 2015.

_____. Ministério da Política Fundiária e do Desenvolvimento Agrário. Instituto Nacional de Colonização e Reforma Agrária. *O livro branco da grilagem de terra no Brasil*. Brasília, DF: Incra, 1999. Disponível em: <http://www.incra.gov.br/media/servicos/publicacao/livros_revistas_e_cartilhas/Livro%20Branco%20da%20Grilagem%20de%20Terras.pdf>. Acesso em: 10 jul. 2013.

Brighenti, C. A. *Estrangeiros na própria terra*: presença Guarani e Estados nacionais. Chapecó/Florianópolis: Editora da UFSC, 2010.

Carlos, A. F. A. *A condição espacial*. São Paulo: Contexto, 2011.

Carvalho, M. J. A. de. *Relatório circunstanciado de identificação e delimitação da terra indígena Tarumã – SC*. Brasília: Funai, 2008.

Carvalho, M. L. B. *Das terras dos índios a índios sem terras, o Estado e os Guarani de Oco'y*: violência, silêncio e luta. São Paulo, 2013. Tese (Doutorado em Geografia Humana) – Faculdade de Filosofia, Letras e Ciências Humanas, Universidade de São Paulo.

Comissão Guarani Yvyrupa (CGY). *Relatório sobre violações de direitos humanos contra os Avá Guarani do oeste do Paraná*. 2017. Disponível em: <http://bd.trabalhoindigenista.org.br/sites/default/files/Relatorio_Guaira&TerraRoxa_WEB.pdf>. Acesso em: jan. 2018.

Faria, C. S. de. O conflito entre a propriedade privada capitalista e o uso indígena na metrópole. In: Carlos, A. F. (Org.). *Crise urbana*. São Paulo: Contexto, 2015, pp. 155-70.

_____. *A luta Guarani pela terra na metrópole paulistana*: contradições entre a propriedade privada capitalista e a apropriação indígena. São Paulo, 2016. Tese (Doutorado em Geografia Humana) – Faculdade de Filosofia, Letras e Ciências Humanas, Universidade de São Paulo.

Gallois, D. T. Terras indígenas? Territórios? Territorialidades?. In: Ricardo, F. (Org.). *Terras indígenas e unidades de conservação da natureza*: o desafio das sobreposições. São Paulo: Instituto Socioambiental, 2004, pp. 37-41.

Glezer, R. *Chão de terra*: um estudo sobre São Paulo colonial. São Paulo, 1992. Tese (Livre Docência) – Faculdade de Filosofia, Letras e Ciências Humanas, Universidade de São Paulo.

Hyde, L. *A dádiva*: como o espírito criador transforma o mundo. Rio de Janeiro: Civilização Brasileira, 2010.

Instituto Socioambiental (ISA). *Povos indígenas no Brasil 2006/2010*. São Paulo: ISA, 2011.

Lênin, V. I. *O desenvolvimento do capitalismo na Rússia*. São Paulo: Abril Cultural, 1982 (Os economistas).

Marés, C. F. *A função social da terra*. Porto Alegre: Fabris, 2003.

Martins, J. de Souza. *Fronteira*: a degradação do outro nos confins do humano. São Paulo: Contexto, 2009.

_____. (Org.). *Henri Lefebvre e o retorno à dialética*. São Paulo: Hucitec, 1996.

_____. *Não há terra para plantar neste verão*: o cerco das terras indígenas e das terras de trabalho no renascimento político do campo. Petrópolis: Vozes, 1988.

_____. "A nova nacionalidade brasileira". *O Estado de São Paulo*. Aliás, 14 dez. 2008. Disponível em: <http://alias.estadao.com.br/noticias/geral,a-nova-nacionalidadebrasileira,293601>. Acesso em: 15 set. 2015.

_____. *O poder do atraso*: ensaios de sociologia da história lenta. São Paulo: Hucitec, 1994.

Marx, K. *Miséria da filosofia*. Resposta à Filosofia da Miséria, do Sr. Proudhon. São Paulo: Expressão Popular, 2009.

_____. A acumulação primitiva. In: *O capital*: crítica da economia política. 21. ed. Rio de Janeiro: Civilização Brasileira, 2006, v. II, pp. 827-77.

Marx, C.; Engels, F. *Manuscritos económicos e filosóficos de 1844*. Bogotá: Pluma, 1980.

Mauss, M. *Sociologia e antropologia*. São Paulo: Cosac Naify, 2003.

Motta, M. *Direito à terra no Brasil*: a gestação do conflito (1795-1824). São Paulo: Alameda, 2009.

_____. *Nas fronteiras do poder*: conflito e direito à terra no Brasil do século XIX. 2. ed. Rio de Janeiro: UFF, 2008.

Silva, L. M. O. "Os indígenas da América, a propriedade privada e a construção dos 'espaços vazios'". In: Congresso Internacional de História Econômica, 13, 2002, Buenos Aires. *Anais*... Buenos Aires, 2002.

_____. *Terras devolutas e latifúndio*. Efeitos da Lei de 1850. Campinas: Unicamp, 1996.

Smith, R. *Propriedade da terra e transição*: estudo da formação da propriedade privada da terra e transição para o capitalismo no Brasil. 2. ed. São Paulo: Brasiliense, 2008.

A PROBLEMÁTICA DA FORMAÇÃO NACIONAL: DA GÊNESE AOS FUNDAMENTOS DA PROPRIEDADE PRIVADA

Gustavo Prieto

O NACIONAL COMO PRODUÇÃO

Nas reflexões sobre obras do pensamento social e político brasileiro, constata-se que o tema da formação é questão frequente na interpretação dos intelectuais nacionais e de brasilianistas. Essa "verdadeira obsessão pela formação brasileira"[1] se apresenta em um conjunto vasto de obras aparentadas com a tradição ensaística e que buscam refletir sobre a *gênese* ou sobre os *fundamentos* da sociedade brasileira e seu passado colonial. Assim, um conjunto de autores – a fim de refletir sobre o Brasil e sua condição periférica, dependente, subdesenvolvida, inautêntica, terceiro-mundista e/ou atrasada – procuraram entender os entraves para a modernização das estruturas sociais, políticas e econômicas recorrendo à história para compreender os bloqueios do passado, suas possíveis superações ou inviabilidade como nação. Essas análises se realizaram a partir de perspectivas diferentes da teoria e do método e produziram interpretações divergentes sobre os mesmos processos. A nação e as especificidades do nacional na periferia do capitalismo foram compreendidas ora como mera cópia de modelos europeus, ora como bloqueio inajustável de uma herança primitivista irremediável, ora como lugar possível de modernização capitalista e arranjos sociais superiores em relação a outros fragmentos do espaço, ora como lócus de superação completa da herança colonial e do aparelho do Estado produzido, das instituições desenvolvidas e da sociedade forjada na produção da formação nacional brasileira.

Há um número considerável de obras que revelam essas preocupações já em seus títulos: *Formação do Brasil contemporâneo* (1942), de Caio Padro Júnior, *Formação econômica do Brasil* (1959), de Celso Furtado, *Formação da literatura brasileira* (1959), de Antonio Candido, *Formação política do Brasil* (1967), de Paula Beiguelman e *Formação histórica do Brasil* (1962), de Nelson Werneck Sodré, são exemplos categóricos. Existem também outras obras que anunciam em seus subtítulos as intenções de refletir sobre os sentidos da formação.[2] Em Gilberto Freyre, por exemplo, observamos que em *Casa-grande e senzala* (1933) há a intenção de refletir sobre a "*formação da família patriarcal brasileira sob o regime de economia patriarcal*"; já Raymundo Faoro, em *Donos do poder* (1958), argumentou que o trabalho buscava compreender "*a formação do patronato político brasileiro*"; *Raízes do Brasil* (1936), de Sergio Buarque de Holanda, também não escamoteou a intencionalidade de consolidar uma análise sobre a formação nacional.

Ressalta-se que o contexto histórico das décadas de 1920 e 1930 foi o de um momento de produção de interpretações gerais sobre o Brasil, articulado às investigações acerca do passado colonial, dos limites do liberalismo à brasileira e da Primeira República e aos desafios ensejados pela Revolução de 1930. Foi, ainda, marcado pela centralidade na análise sobre os sentidos da formação nacional, aliada à dialética presente nas interpretações entre tradição e modernidade. As obras de Oliveira Vianna, Gilberto Freyre e Sergio Buarque de Holanda ilustram esse período ensaístico.[3]

Por sua vez, o processo de constituição das instituições democráticas e de criação de organismos para financiar a política desenvolvimentista do Estado brasileiro, no período de 1946 a 1964, deu ensejo a um novo conjunto de reflexões sobre a sociedade e as ideias no/do Brasil.[4] Caio Prado Júnior e Celso Furtado, a partir do marxismo e da teoria da dependência, respectivamente, são representantes explícitos dessas reflexões. Abertamente modernizadores, os governos implementavam medidas de "superação do atraso" a partir de incisivas (e contraditórias) modificações das formas tradicionais herdadas do passado. A produção da Sociologia brasileira, por exemplo, bebeu na fonte da modernização em curso e elegeu como problema fundamental da reflexão a formação da sociedade moderna nacional.[5] As obras de Florestan Fernandes e de seus orientandos (Fernando Henrique Cardoso, Octavio Ianni e Maria Sylvia de Carvalho Franco, especificamente), operando com abordagens que vão desde o funcionalismo e o marxismo acadêmico até o weberianismo, assentam-se na análise das relações entre capitalismo e escravidão. Demonstram que a supressão do escravismo foi concomitante com a não integração do negro como cidadão à sociedade livre, acompanhando um projeto de enredá-lo em formas velhas e novas de inferioridade, sujeição pessoal e de classe e pobreza, nas quais se reproduzem os condicionantes da herança colonial na economia moderna.[6]

O patrimonialismo, especialmente para Raymundo Faoro (1958), é outra questão central para a compreensão da continuidade do modelo de Estado advindo de Portugal, implantado na América Portuguesa e prolongado no Brasil Imperial e Republicano. As tensões entre o Estado – um estamento burocrático – e a sociedade – a grande ausência da história brasileira[7] – produzem, assim, uma formação nacional estrangeira em sua gênese e um estamento alheio em sua relação com a sociedade.[8] Em linhas gerais, o Estado patrimonial coloniza a sociedade pelo estamento burocrático.[9]

A Geografia não ficou de fora dessas discussões sobre a formação nacional, ainda que refletindo sobre a escala nacional e os sentidos da formação apenas em momento posterior.[10] Cabe destacar, no entanto, duas obras que fizeram parte desse contexto de reflexão sobre a formação nacional já na década de 1960: as análises tangenciais das obras de Manuel Correia de Andrade, *A terra e o homem no Nordeste*, de 1963, primeira interpretação de inspiração marxista da Geografia brasileira e parte de um projeto maior de interpretação do Brasil capitaneado por Caio Prado Júnior – interrompido pelo golpe civil-militar de 1964 – e de Orlando Valverde, *A Geografia agrária do Brasil*, também de 1963, texto que tensiona a localização dos fenômenos (à maneira da assim chamada Geografia Tradicional de inspiração vidaliana) e a formação agrária nacional.

A obra *O Brasil: território e sociedade no início do século XXI* (2001), de Milton Santos e Maria Laura Silveira, apesar de construir uma reflexão sobre a escala nacional revela mais a localização e a organização do território brasileiro do que a fundamentação de uma análise sobre a produção e/ou formação nacional. Já Martine Droulers, em *Brésil: une géohistoire* (2001), Manuel Correia de Andrade, em *Formação territorial e econômica do Brasil* (2007), Ruy Moreira, em *Formação espacial brasileira* (2012), e, ainda, *Bases para a formação territorial do Brasil* (1991), de Antonio Carlos Robert Moraes, revelam a preocupação de parte dos geógrafos com a formação nacional, embora realizem reflexões amplamente centradas na historicidade dos processos e não na espacialidade da formação.

De fato, existem contundentes diferenças entre o conjunto de obras citadas anteriormente e não nos propomos a tarefa de esmiuçar as reflexões contidas em cada uma dessas produções, apesar de incorporar parte das contribuições desses intelectuais ao longo do capítulo. Todavia, cabe ressaltar que alguns processos de formação se completam e outros não se concluem: enquanto, por exemplo, a formação da literatura se completa, conforme desenvolveu Antonio Candido em 1959, num processo no qual Machado de Assis aparece como epítome contraditória, a formação da economia brasileira passa por um processo truncado, brutalmente esfacelado com o golpe civil-militar de 1964, ou nos termos de Celso Furtado, tal construção foi incisivamente interrompida pelo Estado autoritário e seus desdobramentos.[11]

Do mesmo modo, a formação espacial brasileira também não se completa, visto que o Brasil como fragmento do espaço mundial nasce capitalista[12] e apenas consegue desviar de suas próprias contradições internas – que envolvem a lei de tendência da queda da taxa de lucro no nível econômico, a coesão entre elites regionais com interesses divergentes no nível político e os conflitos na passagem do trabalho escravo para o trabalho livre no nível social – por meio da intensificação e expansão permanente da produção do espaço.[13] Destaca-se que a formação do Brasil como nação é produzida pela intensificação das relações especificamente capitalistas com a combinação desigual e contraditória da reprodução de relações não capitalistas de produção[14] e expansão territorial.[15] Assim, para o capitalismo sobreviver deverá existir ou ser criado espaço novo, bem como deverão ser reiteradas e reproduzidas as heranças coloniais,[16] o que reforça a incompletude da formação nacional. Além disso, em um processo de acumulação originária permanente, o modo de produção capitalista produz reiteradamente novas formas de mercantilização do espaço, seja na produção de novas mercadorias ainda não inseridas no mercado ou no aprofundamento mercantil de mercadorias já criadas. Ou seja, o nacional é formado pela produção contínua do capital e do espaço.

Essa plêiade de obras de importantes intelectuais brasileiros revela que não é fortuito que a formação seja um tema recorrente, sobretudo em um país com passado colonial tal como o Brasil. Essas análises explicitam as inquietações com o estabelecimento de um quadro social mais autônomo, nacional, que se contraporia à situação pregressa de subordinação colonial, visto que

> [...] a colisão entre referências intelectuais importadas do centro capitalista e o ambiente social do capitalismo periférico tem sido ao longo da história brasileira, um dos poderosos impulsos para a mudança no país.[17]

O caráter *postiço*, de arremedo ou importado da formação nacional e a denúncia das elites do suposto transplante cultural estrangeiro opacificam a dimensão produtiva e cumulativa do processo de formação.[18] Os fundamentos coloniais, escravistas e concentradores da propriedade fundiária são justaposições dialéticas da forma da civilização moderna que se realiza concretamente no Brasil. Assim, o liberalismo e a lógica do favor não são antitéticos em nossa formação nacional; latifúndio e industrialização não conformam disputas entre classes burguesas, mas arranjos e alianças entre capitalistas e proprietários de terras. Em suma, modernidade e atraso se recombinam na produção do espaço brasileiro, tal como verificaram Francisco de Oliveira, em sua *A economia brasileira: crítica à razão dualista*, de 1972, e José de Souza Martins, com a análise sobre *O poder do atraso*, de 1994.

Nesse sentido, a questão da diferença entre gênese e fundamento é fulcral para constatarmos as aproximações entre as noções de formação nacional e produção do espaço. Para Henri Lefebvre, em *De l'État* (1978), a preocupação com a gênese revela a questão da busca pela origem dos fenômenos que se manifestam em continuidade evolutiva e encadeamento linear. Ou seja, no retorno à história sem a preocupação do método progressivo-regressivo constrói-se uma reflexão em que o espaço é mero palco, um dado ontológico com aparente existência em si mesmo. Entretanto, o autor enfatiza que justamente esse encadeamento linear explicita a diferença entre gênese, ou origem, e fundamento: enquanto a pesquisa sobre a origem encadeia a história como causas e efeitos, a busca pelos fundamentos é a que revela as rupturas do processo, suas descontinuidades e contradições. Dessa forma, na compreensão da formação se substancia a análise dos fundamentos das relações dialéticas entre espaço, história e sociedade e se concretiza uma das contradições fundamentes do capitalismo, qual seja, como e por que se estabelece na construção da nação e da formação nacional o processo de produção social do espaço (realizada pelo conjunto da sociedade) e sua apropriação privada (subsumida à existência social da propriedade privada da riqueza).[19]

A FORMAÇÃO NACIONAL E SEUS FUNDAMENTOS NA PROPRIEDADE PRIVADA

Nos países de formação colonial, as dinâmicas espaciais adquiriram considerável potência para a compreensão da política, da sociedade e da economia.[20] A colonização foi, em si, um processo de relação entre sociedade e espaço, no qual a sociedade europeia, com estratégias de produção capitalista, buscou fragmentos do espaço para a realização dessa expansão. Assim, a apropriação de terras e a submissão de populações autóctones resultaram em uma colonização que se realizou na conquista espacial. Nesse sentido, as determinações coloniais permaneceram vigentes, mesmo na nova ordem política que se substanciou após o processo de emancipação política, visto que este foi construído sobre o arcabouço produzido no período colonial. A manutenção dos condicionantes da conquista espacial se consolidou, sobretudo, em torno da manutenção de vastos fundos territoriais que funcionaram como instrumento de coesão entre elites bastante regionalizadas. O processo de legitimação da soberania sobre o território legal da ex-colônia funcionou como estratégia primordial na formação nacional de um Estado em (permanente) construção.[21] O controle simultâneo da terra e do trabalho e a possibilidade de expansão espacial da nascente economia nacional garantiram a sacralização do princípio da manutenção da integridade do território nacional, o que se consolidou (e se reproduziu) na garantia de proteção absoluta da propriedade privada (1824) e na legalização e legitimação da passagem de terras públicas para o domínio privado a partir da Lei de Terras (1850).

A tarefa que nos colocamos neste item do presente capítulo é a de descortinar, a partir da Geografia, o processo de formação da propriedade privada da terra no Brasil, ou melhor, a formação da grilagem de terras brasileira, buscando compreender a formação da propriedade privada da terra ancorando-nos na interpretação de que os processos de produção e reprodução de relações não capitalistas de produção se produzem e se reproduzem contraditoriamente no capitalismo. Essa posição envolve fundamentalmente analisar a propriedade privada e a grilagem de terras como *relação social*. O estudo da propriedade privada sob tais premissas tem como fundamento a desnaturalização dos processos de concentração e apropriação da terra, no sentido de desbravar o debate assaz polêmico da questão da formação da propriedade privada da terra. Essa mirada é essencial visto que os fundamentos da sujeição da renda da terra em países de predominância de processos de produção do capital e de passado colonial, tais como o Brasil, substanciam o caráter rentista do capitalismo que se formou no país, o que repõe necessariamente entre suas contradições principais as formas de domínio privado da terra.

O fundamento do modo de produção capitalista reside no fato de que a propriedade de terras por parte de uns implica a não propriedade por parte de outros.[22] De fato, o capital não pode existir sem a propriedade de terras, pois faltaria um elemento para a produção do capital. Três são as dimensões do domínio capitalista da renda da terra: a primeira se refere à propriedade privada da terra em si como mercadoria sem produzir absolutamente nada. Como reserva de valor, a terra quando vendida permite a seu proprietário a apropriação de uma fração da massa de mais-valia global expressa no preço pago por ela, daí sua gênese na circulação. No entanto, essa qualidade da renda da terra só pode ser realizada uma vez, quando a terra é vendida/comprada. No capitalismo rentista à brasileira, o que ocorre de forma mais frequente é a retenção da propriedade privada da terra, daí a sua concentração.[23] Neste caso, prevalece a condição de reserva patrimonial, quando a propriedade privada da terra é tomada como garantia financeira para acesso ao mercado de capitais, através de sua hipoteca.

Em segundo lugar, o latifúndio possui na monopolização da terra (condição para a renda absoluta) e, em terceiro lugar, na diversidade natural dos tipos de solo (condição para a renda diferencial) um equivalente de capital que lhe permite embolsar uma parte maior de mais-trabalho ou de mais-valia. Essas formas de renda da terra têm suas gêneses na produção capitalista da propriedade privada. Assim, o capital cria uma forma particular de riquezas, o valor baseado no trabalho. Existe, porém, "o valor dos agentes naturais"[24] (terras agricultáveis, quedas d'água, minas etc.) que não são produtos do trabalho, mas objetos de apropriação, tendo, por isso, valor de troca e entrando nos cálculos dos custos de produção. Explica-se, então, esse valor através da teoria da renda. A moderna renda da terra é uma criação específica do capital, a única criação que faz surgir um valor diferente de si mesmo, de sua própria produção. Assim, o desenvolvimento contraditório do modo capitalista de produção, particularmente em sua etapa monopolista, cria e recria relações não capitalistas de produção como, por exemplo, o campesinato, mas cria e recria, simultaneamente, a propriedade capitalista da terra. A propriedade privada da terra sob o capitalismo deve ser entendida, portanto, como renda capitalizada.[25]

Isso quer dizer que, no Brasil, a concentração da propriedade privada da terra atua como processo de concentração da riqueza e, dessa maneira, de capital.[26] Além disso, funciona como processo de concentração de poder, logo da política. Nesse processo, surge uma via de desenvolvimento capitalista na formação nacional, que denominamos de *rentismo à brasileira*.[27]

O capitalismo está em constante desenvolvimento, pois essa é sua forma específica de reprodução crescente e ampliada no tempo e no espaço. A *tendência* do capital é a expansão progressiva em todos os ramos e em todos os setores da produção no campo e na cidade, na agricultura e na indústria.[28] Essa reprodução só não poderá se realizar caso se levante diante dela um obstáculo que a impeça de circular e dominar livremente. A terra é esse obstáculo, que só é transposto por meio do pagamento do capitalista ao proprietário de terras, ou seja, ele funciona como uma licença para a exploração capitalista da terra.[29] Apesar de não possuir valor – por ser um bem natural, finito e que não é fruto do trabalho humano e muito menos de trabalho apropriado pelo capital –, a terra é transformada pelo capital em mercadoria, podendo assim ser comprada, vendida, arrendada ou mesmo alugada. Duas conclusões são essenciais para o desenvolvimento desta análise: a terra não é capital e há uma contraposição fulcral que antepõe terra e capital. Tais fundamentos pressupõem que a terra funciona como equivalente de capital.[30]

A formação nacional derivou da maneira através da qual o capital submeteu a terra à sua lógica econômica de exploração. Nesse sentido, a funcionalidade da propriedade fundiária como ferramenta singular (e originária) de confirmação pela via rentista se explicita. É essa a singularidade do Estado brasileiro, que o distingue dos países centrais e que se expressa na aliança terra-capital. Tal aliança resultou em um deslocamento da potência dinamizadora da economia, da produção para a propriedade privada da terra.[31] Reforça-se, dessa forma, o caráter rentista do capitalismo brasileiro, isto é, o rentismo substancia-se no lucro extraordinário que se pode extrair da terra. Tal lucro pode ser decorrente da venda da terra, visto que a terra tornou-se, no modo capitalista de produção, um equivalente de mercadoria.[32] Esse lucro advém também das diferentes formas de renda fundiária capitalista, provenientes da terra dedicada à agricultura ou pecuária. Nesse caso, tem-se claro que esse lucro extraordinário é decorrente da exploração do trabalho de quem não tem terra. Lucro este que pode se tornar ainda maior quando da superexploração do trabalho assalariado ou da reprodução do trabalho análogo à escravidão.

Destaca-se ainda uma característica fulcral da concentração de riqueza: esta eleva-se ainda mais quando o assim chamado proprietário de terra apropria-se dela sem despender dinheiro algum em sua apropriação, através do processo de grilagem. Nesse processo, o grileiro cerca a terra pública, comunal ou coletiva e passa a auferir renda fundiária dela, podendo vendê-la ou ter acesso a incentivos fiscais, créditos, utilizá-la para arrendamentos, expropriar posseiros e indígenas, valer-se da violência do Estado ou da violência privada de jagunços, pistoleiros e milícias rurais ou urbanas.

Examinando, assim, a formação da propriedade privada no Brasil, constata-se um movimento de relações entre propriedade privada, grilagem e a formação nacional. O fundamento da referida formação é a grilagem de terra, denominação relativamente recente para a prática da apropriação ilegal de terras.[33] A noção foi fartamente utilizada a partir dos projetos de colonização no Centro-Oeste (Mato Grosso e Goiás) e na expansão da cafeicultura do Oeste paulista e do norte e oeste do Paraná na primeira metade do século XX, quando a prática da falsificação de documentos de comprovação de direitos fundiários se explicitou como a forma prioritária de dominação de vastas extensões de terra pelos latifundiários.[34] O vocábulo resultou da técnica utilizada, que consistia no uso dos insetos (grilos) para a falsificação dos títulos (que continham algum tipo de "comprovação de propriedade" forjada). A ação desses insetos provoca o envelhecimento dos papéis e, dessa maneira, estes, transformados em documentos, são utilizados para "comprovar" a dominação da terra por meio de uma cadeia sucessória que teria sido consolidada ao longo da história. Todavia, o uso da grilagem de terras, por meio de um conjunto diverso de estratégias, pode ser aplicado às fraudes presentes no acesso ilegal (ou legalizado pelo Estado) à terra ao longo da formação nacional, antes e depois da primeira legalização de grilagem de terras no Brasil, em 1850.

O uso da grilagem para a produção da propriedade privada e da consolidação de proprietários de terra (com "comprovantes de propriedade") não é apenas uma dentre outras práticas, mas a estratégia fundamental de incorporação e transmissão de patrimônio que permite a manutenção espaço-temporal de grilagens consolidadas como propriedade privada capitalista da terra. Dessa maneira, a formação da propriedade privada capitalista da terra se consolidou com base na grilagem e é fundamento da formação nacional.

A discussão sobre a origem da propriedade está ligada, portanto, à criação e recriação no tempo da cadeia dominial,[35] que assegura a suposta legalidade daquela ocupação e da extensão daquela área e a manutenção de patrimônio. Assim, compreende-se que a grilagem não é recente, mas se constitui como um processo histórico e secular de apropriação privada de terras públicas, comuns e/ou coletivas. Além disso, a grilagem deve ser compreendida no cerne da dinâmica de transmissão de patrimônio dos grandes fazendeiros: ou seja, grilar não é uma prática isolada, mas se relaciona com os esforços dos latifundiários em expandir sua propriedade *ad infinitum*. Ressalta-se, também, que a grilagem não é somente um crime cometido contra aqueles que de fato usam a terra para habitar e reproduzir suas relações sociais, como indígenas, camponeses-posseiros, quilombolas, ou contra os bens patrimoniais do

Estado, mas uma ação criminosa cometida contra o conjunto da sociedade,[36] que paga para a reprodução da classe de grandes proprietários de terra no campo e na cidade.

A marca característica da constituição da formação nacional no Brasil, segundo James Holston identificou em *Cidadania insurgente* (2013), é a "legalização da ilegalidade". O sistema jurídico brasileiro não objetiva nem resolver os conflitos de maneira justa, nem decidir sobre seus méritos legais através de procedimentos judiciais. No Brasil, as leis sobre a questão da terra nos seus próprios termos são confusas, ambíguas e funcionam como ordenamento jurídico de acomodação das diferentes frações de classe capitalistas: grandes proprietários de terra e capitalistas agrários e urbano-industriais (frequentemente aliançados ou amalgamados na mesma figura jurídica). É possível, assim, afirmar que as diversas estratégias de grilagem de terra não são somente fruto de incompetência e corrupção do aparelho do Estado, mas, sobretudo, demonstração de força política de um conjunto de intenções subjacentes à construção e aplicação da lei pelo Estado.[37] Essas intenções não estão voltadas para a resolução de conflitos fundiários, mas para a efetivação do processo de produção do capital a partir da legalização de ilegalidades. Ou seja, as fronteiras entre a legalidade e a ilegalidade são definidas nos marcos jurídicos do aparelho do Estado, que está dominado por diferentes frações de classe de proprietários de terra interessados em transformar suas apropriações privadas de terras públicas em patrimônio privado. Dessa maneira, são estabelecidos os termos nos quais a grilagem é legalizada de maneira consistente e consciente. Nesse sentido, o ordenamento judicial é um instrumento de *desordem calculada*, através da qual práticas ilegais produzem leis, e soluções extralegais são introduzidas no processo judicial.

Portanto, a lei sobre a propriedade de terras no Brasil, longe de resolver os conflitos, é reprodutora desses. Do mesmo modo, a formação nacional se desenha na relação dialética entre modernidade e atraso, que convive na permanente produção do capital e do espaço e na reprodução de relações sociais de produção.

Todavia, compreende-se que o processo se realiza através (e sobretudo) de uma estratégia social e historicamente anterior e territorialmente central para a explicação das contradições na estrutura fundiária brasileira. No Brasil, a ilegalidade é legitimada por estruturas jurídicas que servem para a confirmação de processos de apropriação ilegal de terras. Há, portanto, na formação nacional, uma legitimação da ilegalidade. A grilagem de terras se realiza *a priori* e cabe às regulamentações jurídicas de legalização da grilagem confirmar um processo anterior de dominação privada de terras. A funcionalidade de um conjunto de leis sobre a questão da propriedade fundiária envolve legitimar e legalizar práticas prévias de grilagem de terra, valendo-se de estratégias diversas para sua posterior legalização. *A posteriori*, essas regulamentações jurídicas servem de escopo legal para novas (e a reprodução de velhas) estratégias de grilagem.

A consolidação jurídica do grilo apresenta, portanto, um duplo caráter: produz proprietários de terra como classe, confirmando a apropriação privada de terras públicas e de produção da propriedade privada capitalista da terra (equivalente de capital através de sua utilização como reserva de valor e/ou reserva patrimonial) e reproduz o poder político e econômico, confirmando um direito à propriedade. Simultaneamente a isso, é bloqueado a camponeses, indígenas, quilombolas e posseiros o acesso legal (ou jurídico) à terra.

Assim, aqueles que reivindicam o reconhecimento jurídico da propriedade privada capitalista sistematicamente o fazem com base na violação dos direitos sobre a terra de quem nela trabalha e, muitas vezes, trabalhou nela por muitas gerações.[38] O direito não é, ainda, revestido de legitimidade de seu reconhecimento pela outra parte, aquela que está sendo expropriada. Dessa forma, o legal e o legítimo se opõem produzindo e reproduzindo conflito. Para os posseiros, o título não representa legitimidade no processo de tomada de suas terras. Para os "proprietários de terra", a legitimidade é instituída pelo título de propriedade e a legalidade pelo ordenamento jurídico produzida pelo aparelho do Estado.

Ressalta-se, assim, que o título de propriedade (o documento "legal" e/ou grilado) ganha suposta legitimidade sob o auspício de uma rede de funcionários do aparelho do Estado, dos cartórios e dos tribunais, produzindo conflitos e reproduzindo os camponeses como classe social que luta para permanecer na terra. Ou seja, produz-se a luta contra as práticas de despossessão da terra, supostamente legais, em determinados fragmentos do espaço.

Na gênese desses papéis grilados, o favor político – dádiva do Estado patrimonial – premia os afilhados, os cupinchas e os protegidos.[39] A lógica do favor e do compadrio produz e reproduz a política da apropriação privada da coisa pública, (re)produzindo conflitos, e o litígio frequentemente se completa com o despejo.[40] Esse processo é garantido pela Justiça, que

> [...] tradicionalmente omissa e indiferente em relação aos costumes e ao direito costumeiro, só reconhece no posseiro, no lavrador em terra devoluta a condição de sujeito de contrato, juridicamente igual, portanto cidadão, no momento em que o priva dos direitos que ele supõe ter como base no consuetudinário, no momento em que reveste de legalidade o ato de sua expulsão da terra em que mora e trabalha, no momento em que desfaz o suposto contrato entre pretenso proprietário e o pretenso invasor. Aí se revela o caráter postiço da contratualidade das relações sociais em nossa sociedade e da própria modernidade. O contrato existe quando é do interesse de quem manda, de quem tem dinheiro e poder para invocar em seu favor as instituições jurídicas e judiciais. O que na origem e em outras sociedades é o instrumento por excelência da igualdade jurídica e da igualdade social, aqui se transfigura no seu oposto: o fictício contrato é o instrumento por excelência da desigualdade e da injustiça.[41]

Argumenta-se que a formação da propriedade privada da terra ocorreu como uma reprodução da grilagem e a formação da grilagem de terras é mecanismo central da formação nacional. A formação espacial brasileira, portanto, assenta-se sobre a grilagem de terra, sendo esse o seu fundamento.

Isto é, compreende-se que a lógica central da constituição da propriedade da terra no Brasil advém da produção da propriedade privada a partir da apropriação privada do patrimônio público. Historicamente, os quatro marcos de legalização da grilagem de terras no Brasil impetrados em 1850, 1931, 1964-1985 (reiteradamente) e 2009 são processos de transferência do patrimônio público para o domínio privado e articulam-se em quatro intenções: a primeira de consolidação do Estado nacional e dos interesses políticos das elites agrárias na manutenção da integridade do território; a segunda de consolidação e expansão da ocupação latifundiária do "sertão" (a produção de fazendas por grileiros) e o início da "marcha para o Oeste brasileiro"; a terceira de consolidação da aliança econômica, social e política entre terra e capital e a expansão da dinâmica de frente de expansão para a Amazônia Legal (a transferência de patrimônio público para empresas capitalistas, a produção de grilagem legalizada pelo Estado ditatorial); e, por fim, a quarta, da mundialização da agricultura brasileira associada à assim chamada internacionalização da Amazônia. Constata-se uma dinâmica espacial de produção de frentes de expansão em fronteiras de relações contraditórias de reprodução de relações capitalistas sobre territórios e relações não capitalistas, concretizando contraditoriamente a diversidade da fronteira e o conflito marcado pela violência entre a expansão do modo capitalista de produção sobre modos comunitários de produção e a luta de classes.

A FORMAÇÃO COMO SÍNTESE?

Para concluir a discussão sobre a formação nacional cabe uma ressalva. Entende-se aqui que não foi a "herança colonial" que determinou toda a forma de constituição da propriedade privada da terra no Brasil e sua formação nacional. Na verdade, os Estados nacionais latino-americanos tiveram a possibilidade de romper com o passado e criar legislações modernas em seus processos de emancipação política, e, de fato, o fizeram: suas Constituições são exemplo de modernidade, o que não quer dizer que dessa modernidade tenha decorrido a democratização do acesso à terra.[42]

Os processos de legalização de grilagem foram articulados com as formas modernas de garantia da propriedade privada absoluta da terra e com a instituição da desapropriação capitalista da terra como mecanismo complementar de tal inviolabilidade e absolutização. Diversos autores responsabilizaram o latifúndio colonial pela sua persistência no período posterior,[43] mas corroboramos o enunciado por Lígia Osório Silva em *Terras devolutas e latifúndio* (1996), que afirma que: "a existência do latifúndio e da grande exploração agrícola não constituiriam sobrevivências do passado, mas foram continuamente recriados durante o século XIX"[44] e continuamente até a atualidade.

Para reforçar esse argumento, cabe lembrar que na segunda metade do século XIX só havia passado ao domínio privado uma parte das terras públicas, e, portanto, grande parte do espaço, ainda, seria efetivamente incorporada à produção e reprodução capitalista nos século XX e XXI. A constituição da propriedade privada capitalista foi efetuada por Constituições, leis, decretos e normas nos séculos XIX, XX e XXI, produzindo a modernidade e reproduzindo de modo combinado e articulado relações arcaicas. Ou seja, também no âmbito jurídico articularam-se as relações entre modernidade e atraso realçadas por José de Souza Martins em *O poder do atraso* (1994).

A formação nacional é síntese daquilo que Georg Lukács argumentou como "conciliação entre o exterior e o interior":[45] a formação concretiza-se na forma, mas não se limita a ela. Estado, instituições e sociedade possuem existência material no contexto de formação da nação, mas não estão suspensas no espaço-tempo. O espaço como meio, condição e produto concretiza dialeticamente os níveis sociais, políticos e econômicos.[46] Coloca na ordem do dia a centralidade das relações entre a formação nacional e a produção do espaço, não no intuito de reduzir tais discussões apenas ao debate sobre as escalas, mas de refletirmos acerca das mediações entre o lugar e o mundo, sintetizados também (mas não exclusivamente) na formação dos Estados-nações modernos na periferia do capitalismo. *Nota bene*, a reprodução do capitalismo contraditoriamente cria relações especificamente capitalistas e recria relações não capitalistas de produção, o que dá ensejo à reflexão sobre as fronteiras abertas de expansão e intensificação capitalista na produção do espaço. Uma leitura geográfica que articule os sentidos da formação nacional em suas especificidades em articulação à totalidade da produção do espaço é questão urgente, sobretudo em um país em que a apropriação privada da terra ainda centraliza a reflexão sobre a produção contínua da propriedade privada da terra e a reprodução do espaço urbano.

Notas

1 Arantes, 1997.
2 Conforme constataram Arantes (1997) e Ricupero (2008).
3 Ferreira, 1996.
4 Arruda, 2010.
5 Idem.
6 Schwarz, 2012 [1. ed. 1977].
7 Faoro, 2008 [1. ed. 1958].
8 Nota-se que essa questão das tensões entre o nacional *versus* o estrangeiro aparece também desenhada em Holanda (2016 [1936], p. 39) com a argumentação em forma de constatação do trecho inicial de *Raízes do Brasil*: "Trazendo de países distantes nossas formas de convívio, nossas instituições, nossas ideias, e timbrando em manter tudo isso em ambiente muitas vezes desfavorável e hostil, somos ainda hoje uns desterrados em nossa terra".
9 Essa discussão de caráter weberiano está presente na análise acerca do patrimonialismo societal, especialmente analisado por Franco (1997 [1969]).

[10] Aventam-se hipóteses para tal reflexão tardia. Um dos aspectos para o encontro tardio da Geografia brasileira com a questão da formação pode ser explicado pela influência da Geografia e dos geógrafos franceses sobre a Geografia produzida no Brasil, visto que essa influência colocava o conceito de região e a escala regional como foco central de análise, com a finalidade de produção de monografias regionais. As sínteses dessas monografias regionais para a compreensão do meio natural e social e da organização do Brasil realizadas pelos geógrafos brasilianistas franceses, como Pierre Monbeig em *Le Brésil*, são um exemplo emblemático. Outra hipótese é a de que a escala nacional e o tema do Estado-nação eram preocupações dos órgãos estatais, tais como o IBGE, o que de certa forma colocava para o próprio aparelho do Estado a reflexão sobre o Estado, a nação, a escala nacional e sua formação. Explicita-se essa questão nas obras dos geógrafos do IBGE sendo o trabalho mais bem acabado o livro de Pedro Pinchas Geiger denominado *Evolução da rede urbana brasileira* (1963). Mesmo na atualidade ainda são escassas as produções na Geografia sobre a formação nacional, e isso também se aplica às reflexões a partir da escala nacional e do Estado-nação, excetuando-se algumas obras de caráter geopolítico, tais como as realizadas por Wanderley Messias da Costa (1988), André Martin (1992) e Bertha Becker e Claudio Egler (1993).

[11] Vide em perspectiva comparada as obras *Formação econômica do Brasil* (2007 [1958]) e *Brasil: a construção interrompida* (1992), ambas de Celso Furtado.

[12] Na argumentação de Novais (2011 [1979], p. 70): "a colonização do Novo Mundo na Época Moderna apresenta-se como peça de um sistema, instrumento da acumulação primitiva da época do capitalismo mercantil. [...] Completa-se, entrementes, a conotação do sentido profundo da colonização: comercial e capitalista, isto é, elemento constitutivo no processo de formação do capitalismo moderno".

[13] De acordo com perspectivas complementares estabelecidas em Oliveira (1991) e Carlos (1994).

[14] Oliveira, 1991.

[15] Martins, 2012.

[16] Moraes, 2011.

[17] Ricupero, 2011, p. 45.

[18] Schwarz, 1987.

[19] Carlos, 2011.

[20] Moraes, 1994.

[21] Nos termos de Moraes (2011, pp. 26-7), "a constituição do território nacional brasileiro se fez calcada nessa herança espacial colonial. É sobre o território da colônia – conjunto de formas pelas quais se estruturou um sistema produtivo e uma vida social dos portugueses em terras americanas – que começa a edificação do espaço nacional, após a emancipação política que cria o novo país. A primeira tarefa da nação recém-independente foi exatamente garantir a soberania sobre as diferentes regiões da antiga colônia. A unidade política nacional teve de ser estabelecida sobre as instituições e equipamentos e circuitos preexistentes. A herança colonial, no que importa à dimensão espacial, teve sua influência integral na nova situação. [...] O território colonial foi, assim, o suporte sobre o qual se iniciava a formação territorial do país emergente".

[22] Marx, 1985 [1894].

[23] Prieto, 2016.

[24] Marx, 1985.

[25] Oliveira, 2007.

[26] Idem.

[27] Prieto, 2016.

[28] Martins, 1981.

[29] Idem.

[30] Idem.

[31] Paulino e Almeida, 2010.

[32] Em perspectiva complementar, essa tese é anunciada por Martins (1979) e esmiuçada por Oliveira (2007).

[33] Motta, 2001.

[34] Reflexões realizadas por Motta (2001) e desdobradas por Christillino (2011).

[35] A partir das cadeias dominiais (ou cadeias sucessórias) é possível analisar o histórico de formação, partilhas, desmembramentos e remembramentos da propriedade, assim como verificar o conjunto de proprietários que já utilizaram aquele fragmento do espaço. É possível, com a análise de tais cadeias, constatar as estratégias de grilagem, ou seja, de apropriações privadas de terra "legalizadas" pela tecnocracia estatal.

[36] Motta, 2008.

[37] Holston, 2013.

[38] Martins, 1998.

[39] Essa discussão foi realizada tanto por Martins, 1998, quanto por Schwarz, 2012 [1977] na análise da obra de Franco, 1997 [1969].

[40] Moura, 1988.
[41] Martins, 1998, p. 675.
[42] Conforme observaram Nakatani et al. (2012) e Secreto (2008)
[43] Argumentos desenvolvidos a partir de métodos diferentes em Guimarães (1989 [1963]); Holanda (2016 [1936]) e Vianna (1987 [1949]).
[44] Silva, 1996, p. 25.
[45] Lukács, 1974, p. 21.
[46] Carlos, 1994.

Bibliografia

ANDRADE, M. C. *A terra e o homem no nordeste*. São Paulo: Cortez, 2011 [1. ed. 1963].

ARANTES, P. Providências de um crítico literário na periferia do capitalismo. In: ARANTES, O.; ARANTES, P. *Sentidos da formação*: três estudos sobre Antonio Candido, Gilda de Mello e Souza e Lúcio Costa. São Paulo: Paz e Terra, 1997.

ARRUDA, M. "A sociologia de Florestan Fernandes". *Tempo Social*. São Paulo, v. 22, 2010, pp. 9-27.

BECKER, B.; EGLER, C. *Brasil*: uma nova potência regional na economia-mundo. Rio de Janeiro: Bertrand Brasil, 1993.

BEIGUELMAN, P. *Formação política do Brasil*. São Paulo: Pioneira, 1967.

CANDIDO, A. *Formação da literatura brasileira*: momentos decisivos, 1750-1880. Rio de Janeiro: Ouro Sobre Azul, 2012 [1. ed. 1959].

CARDOSO, F. H. *Capitalismo e escravidão no Brasil meridional*. Rio de Janeiro: Paz e Terra, 1997 [1. ed. 1962].

CARLOS, A. F. A. *A (re)produção do espaço urbano*. São Paulo: Edusp, 1994.

_____. *A condição espacial*. São Paulo: Contexto, 2011.

CARLOS, A. F. A.; LENCIONI, S. "A categoria formação econômica da sociedade na análise geográfica". *Borrador: Teoria e Método*. São Paulo, v. 1, 1982, pp. 11-8.

CHRISTILLINO, C. Sendo senhor: eu grilo. A desconstrução das cadeias sucessórias. In: MOTTA, M.; SECRETO, M. V. (Org.). *Direito às avessas*: por uma história social da propriedade. Niterói; Guarapuava: Eduff; Unicentro, 2011, pp. 193-214.

COSTA, W. M. *O Estado e as políticas territoriais no Brasil*. São Paulo: Contexto, 1988.

DROULERS, M. *Brésil*: une géohistoire. Paris: PUF, 2001.

FAORO, R. *Os donos do poder*: formação do patronato político brasileiro. São Paulo: Globo, 2008 [1. ed. 1958].

FERNANDES, F. *A integração do negro na sociedade de classes*. São Paulo: Globo, 2008 [1. ed. 1964].

FERREIRA, G. "A formação nacional em Buarque, Freyre e Vianna". *Lua Nova*. São Paulo, v. 37, 1996, pp. 229-47.

FRANCO, M. S. C. *Homens livres na ordem escravocrata*. São Paulo: Editora Unesp, 1997 [1. ed. 1969].

FREYRE, G. *Casa-grande & senzala*: formação da família brasileira sob o regime de economia patriarcal. São Paulo: Global, 2003 [1. ed. 1933].

FURTADO, C. *Brasil*: a construção interrompida. Rio de Janeiro: Paz e Terra, 1992 [1. ed. 1959].

_____. *Formação econômica do Brasil*. São Paulo: Companhia das Letras, 2007 [1. ed. 1942].

GEIGER, P. P. *Evolução da rede urbana brasileira*. Rio de Janeiro: CBPE, 1963.

GUIMARÃES, A. P. *Quatro séculos de latifúndio*. Rio de Janeiro: Paz e Terra, 1989 [1. ed.1963].

HOLANDA, S. B. *Raízes do Brasil*. São Paulo: Companhia das Letras, 2016 [1. ed. 1936].

HOLSTON, J. *Cidadania insurgente*: disjunções da democracia e da modernidade no Brasil. São Paulo: Companhia das Letras, 2013.

IANNI, O. *As metamorfoses do escravo*. São Paulo: Difel, 1962.

LEFEBVRE, H. *De l'État*: 3. Le mode de production étatique. Paris: Union Génèrale d'Éditions, 1978.

LUKÁCS, G. A propos de l'essence et de la forme de l'essai: une lettre à Leo Popper. In: *L'Âme et les formes*. Paris: Gallimard, 1974.

MARTIN, A. *Fronteiras e nações*. São Paulo: Contexto, 1992.

MARTINS, J. S. *Os camponeses e a política no Brasil*: as lutas sociais no campo e seu lugar no processo político. Petrópolis: Vozes, 1981.

_____. *O cativeiro da terra*. São Paulo: Livraria Editora Ciências Humanas, 1979.

_____. *Fronteira*: a degradação do outro nos confins do humano. São Paulo: Contexto, 2012.

_____. *O poder do atraso*: ensaios de sociologia da história lenta. São Paulo: Hucitec, 1994.

_____. A vida privada nas áreas de expansão da sociedade brasileira. In: SCHWARCZ, L. (Org.) *História da vida privada no Brasil*: contrastes da intimidade contemporânea. São Paulo: Companhia das Letras, 1998, pp. 659-726.

MARX, K. *O capital*. São Paulo: Nova Cultural, 1985. Tomos: I, II, III, IV e V [1. eds. 1867/1890; 1885; 1894].

MORAES, A. C. R. "Dimensão territorial nas formações latino-americanas". *Revista do Departamento de Geografia*. São Paulo, v. 7, 1994, pp. 81-6.

MORAES, A. C. R. *Bases da formação territorial do Brasil*: o território colonial no "longo" século XVI. São Paulo: Annablume, 2011 [1. ed. 1991].

MOREIRA, R. *Formação espacial brasileira*: uma contribuição crítica à geografia do Brasil. Rio de Janeiro: Consequência, 2012.

MOURA, M. M. *Os deserdados da terra*. Rio de Janeiro: Bertrand Brasil, 1988.

MOTTA, M. M. A grilagem como legado. In: MOTTA, M. M.; PIÑERO, T. L. (Orgs.). *Voluntariado e universo rural*. Rio de Janeiro: Vício de Leitura, 2001, pp. 75-99.

_____. *Nas fronteiras do poder*: conflito e direito à terra no Brasil do século XIX. Niterói: EDUFF, 2008.

NAKATANI, P. et al. "Histórico e os limites da reforma agrária na contemporaneidade brasileira". *Serviço Social e Sociedade*. São Paulo, v. 110, 2012, pp. 213-40.

NOVAIS, F. *Portugal e Brasil na crise do Antigo Regime colonial (1777-1808)*. São Paulo: Hucitec, 2011 [1. ed. 1979].

OLIVEIRA, A. U. *Agricultura camponesa no Brasil*. São Paulo: Contexto, 1991.

_____. *Modo capitalista de produção, agricultura e reforma agrária*. São Paulo: FFLCH/LABUR, 2007.

OLIVEIRA, F. "A economia brasileira: crítica à razão dualista". *Estudos Cebrap*. São Paulo, n. 2, out./dez. 1972, pp. 3-82.

PAULINO, E.; ALMEIDA, R. *Terra e território*: a questão camponesa no capitalismo. São Paulo: Expressão Popular, 2010.

PRADO JR., C. *Formação do Brasil contemporâneo*: a colônia. São Paulo: Companhia das Letras, 2011 [1. ed. 1942].

PRIETO, G. *Rentismo à brasileira, uma via de desenvolvimento capitalista*: grilagem, produção do capital e formação da propriedade privada da terra. São Paulo, 2016. Tese (Doutorado em Geografia Humana) – Faculdade de Filosofia, Letras e Ciências Humanas, Universidade de São Paulo.

RICUPERO, B. "Da formação à forma. Ainda". *Lua Nova*. v. 73, 2008, pp. 59-69.

_____. *Sete lições sobre as interpretações do Brasil*. São Paulo: Alameda, 2011.

SANTOS, M. "Sociedade e espaço: a formação social como teoria e como método". *Boletim Paulista de Geografia*. São Paulo, n. 54, jun.1977, pp. 81-100.

SANTOS, M.; SILVEIRA, M. L. *Brasil*: território e sociedade no século XXI. Rio de Janeiro: Record, 2001.

SCHWARZ, R. *Ao vencedor as batatas*: forma literária e processo social nos inícios do romance brasileiro. São Paulo: Duas Cidades; Editora 34, 2012 [1. ed. 1977].

_____. *Que horas são?*. São Paulo: Companhia das Letras, 1987.

SECRETO, M. V. "Legislação sobre terras no Brasil do oitocentos: definindo a propriedade". *Raízes*. Campina Grande, v. 26, 2008, pp. 10-20,

SILVA, L. O. *Terras devolutas e latifúndio*: efeitos da Lei de 1850. Campinas: Editora da Unicamp, 1996.

SODRÉ, N. W. *Formação histórica do Brasil*. Rio de Janeiro: Bertrand Brasil, 1990 [1. ed. 1962].

VALVERDE, O. *Geografia agrária do Brasil*. Rio de Janeiro: CBPE/INEP, 1964.

VIANNA, F. J. O. *Instituições políticas brasileiras*. Belo Horizonte: Itatiaia; São Paulo: Edusp; Niterói: Eduff, 1987 [1. ed. 1949].

OS ORGANIZADORES

Ana Fani Alessandri Carlos é professora titular em Geografia do Departamento de Geografia da Faculdade de Filosofia, Letras e Ciências Humanas da Universidade de São Paulo (FFLCH-USP), onde se graduou e obteve os títulos de mestre, doutora e livre-docente em Geografia Humana. Dentre os livros publicados, destacam-se: *Espaço-tempo na metrópole* (menção honrosa do prêmio Jabuti em Ciências Sociais de 2002), *O espaço urbano: novos escritos sobre a cidade, A condição espacial.* Dentre os livros organizados: *São Paulo, 450 anos: as geografias da metrópole* (3 volumes com Ariovaldo U. de Oliveira) e *Urbanização e mundialização: estudos sobre a metrópole.* Membro da rede "La somme et le reste", sediada em Paris e, no Brasil, do Grupo de Estudos Urbanos (GEU); coordenadora do Grupo de Estudos Geografia Crítica Radical (Gesp) da FFLCH-USP e coordenadora do Grupo de Estudos Teoria Urbana Crítica do Instituto de Estudos Avançados (IEA/USP).

César Simoni Santos é professor do Departamento de Geografia da Universidade de São Paulo (USP), onde também se graduou em Geografia. Concluiu seu mestrado e seu doutorado no Programa de Pós-graduação em Geografia Humana (PPGH) da Faculdade de Filosofia, Letras e Ciências Humanas (FFLCH) da USP, realizando parte de seu trabalho de pesquisa vinculado à Université Paris 3 – Sorbonne Nouvelle. É membro do Gesp e membro do Grupo de Teoria Urbana Crítica do IEA/USP. É autor de capítulos de livros e de diversos artigos sobre as temáticas da teoria e método em Geografia e da problemática urbana.

Isabel Pinto Alvarez possui graduação, mestrado e doutorado em Geografia pela USP. É docente do Departamento de Geografia e atua também como professora e orientadora no Programa de Pós-Graduação em Geografia Humana (PPGH) da FFLCH, ambos da USP. É membro do Gesp, vinculado ao Laboratório de Geografia Urbana da USP, do Núcleo de Apoio à Pesquisa em Urbanização e Mundialização (NAPUrb) e do Grupo de Teoria Urbana Crítica do IEA/USP. É coordenadora do Grupo de Trabalho Produção do Espaço: Perspectiva Crítica, na Associação Nacional de Pesquisa e Pós-graduação em Geografia (ANPEGE).

OS AUTORES

Camila Salles de Faria é professora doutora do Departamento de Geografia da Universidade Federal do Mato Grosso (UFMT – *campus* Cuiabá). Graduou-se em Geografia na Universidade de São Paulo (USP) e obteve os títulos de mestre e doutora em Geografia Humana pela mesma instituição. Atualmente desenvolve pesquisas sobre a constituição da propriedade privada capitalista no Brasil e a questão indígena e é membro do Grupo de Estudos Geografia Crítica Radical (Gesp).

Danilo Volochko é professor do Departamento de Geografia do Setor de Ciências da Terra da Universidade Federal do Paraná (UFPR). Graduou-se em Geografia na USP e obteve os títulos de mestre e doutor em Geografia Humana pela mesma instituição, com estágio de doutorado na Universitat de Barcelona. É professor no Programa de Pós-Graduação em Geografia na UFPR (PPGGEO) e publicou livro, capítulos de livro e artigos em revistas científicas nacionais e internacionais. Pesquisador do Gesp com participação em projetos de pesquisa (NAP/USP "Urbanização e Mundialização") e no Grupo de Estudos Teoria Urbana Crítica do Instituto de Estudos Avançados (IEA/USP).

Fabiana Valdoski Ribeiro graduou-se em Geografia na USP, onde também obteve os títulos de mestre e doutora pelo Programa de Pós-Graduação em Geografia Humana do Departamento de Geografia. É pesquisadora do Gesp, do Núcleo de Apoio à Pesquisa em Urbanização e Mundialização (NAPUrb) e do projeto Margens et Villes, Universitat de Barcelona/Université de Tours.

Glória da Anunciação Alves é docente do Departamento de Geografia da Faculdade de Filosofia, Letras e Ciências Humanas (FFLCH) da USP. Graduou-se em Geografia pela mesma instituição, onde também obteve os títulos de mestre e doutora pelo Programa de Pós-Graduação em Geografia Humana do Departamento de Geografia. É membro da Associação Geográfica Brasileira (AGB), do Laboratório de Geografia Urbana (Labur) do Departamento de Geografia, onde também participa do Gesp. Participa do Grupo de Estudos Urbanos (GEU) e do NAPUrb. Membro do Grupo de estudos Teoria Urbana Crítica do IEA/USP.

Gustavo Prieto é professor adjunto do Instituto das Cidades da Universidade Federal de São Paulo (Unifesp), *campus* zona Leste. Graduou-se em Geografia pela

Universidade Federal Fluminense (UFF) e é mestre e doutor pelo Programa de Pós-Graduação em Geografia Humana da FFLCH-USP, com estágio de pesquisa na École des Hautes Études en Sciences Sociales (EHESS), na França. Desenvolve pesquisas sobre Crítica à Economia Política da Urbanização com ênfase na formação e reprodução da propriedade privada da terra, reforma agrária e urbana e as relações contraditórias entre cidade e campo na periferia do capitalismo.

Rafael Faleiros de Padua é professor doutor do Departamento de Geociências da Universidade Federal da Paraíba (UFPB). Graduou-se em Geografia pela USP, e é mestre e doutor em Geografia pela mesma instituição, com estágio de doutorado sanduíche no Institut de Hautes Études de l'Amerique Latine da Université de Paris III. É professor do Programa de Pós-Graduação em Geografia da UFPB e membro do Gesp.

GRÁFICA PAYM
Tel. [11] 4392-3344
paym@graficapaym.com.br